びっくりどうぶつ
フレンドシップ

Bickri-doubutsu Friendships

飛鳥新社

まえがき

楽しくって、とってもいい気分、というのがこの本でお伝えしたいことです。

ここにあるお話は、世界中の人から寄せられた、思いもかけない動物同士の組み合わせのほんの一部。

たとえば、ある犬はリスのお母さんになりました。また、ある犬は背中の上でヒヨコたちを歩きまわらせました。ゾウと友だちになった犬もいます。

犬だけじゃありません。この驚くべき関係は、鳥やヘビ、魚にいたるまで、さまざまな種の間で見られるのです。なぜこんな奇妙な結びつきが生まれるのかについては、正直よくわかっていませんが、私はこれらをひとまとめにして友情《フレンドシップ》と呼んでいます。

人間と同じように動物たちも友情によって成長する生きもののようです。実際、この本に出てくる動物たちは、風変わりな友だちと一緒になることで、それ以前よりもあきらかに心も体も元気になり、生きる力を生みだしているんです。

この本に出てくる、びっくりするような、それでいて心があったかくなるエピソードは、私たちの中にある大切なものを気づかせてくれるかもしれません。

ジェニファー・S・ホランド

contents

びっくりどうぶつ フレンドシップ

1 アフリカゾウとヒツジ ―― 8

2 クロクマと黒猫 ―― 14

3 子ジカとオオヤマネコ ―― 18

4 ボブテイルの犬と猫 ―― 22

5 牧羊犬とチーター ―― 26

6 オウムと子猫 ―― 30

7 ダックスフントと子ブタ ―― 34

8 ダイバーとマンタ ―― 38

9 ロバとワンちゃん ―― 42

10 子ガモとワライカワセミ ―― 46

11 ゾウとノラ犬 ―― 50

12 フェレットとでっかい犬 ―― 54

13 ゴールデン・レトリバーと鯉 ―― 58

14 ゴリラと子猫 62
15 カバとピグミーヤギ 68
16 イグアナと猫 72
17 ヒョウと牛 76
18 子ライオンとカラカルの兄弟 80
19 ライオン、トラ、そしてクマ 84
20 メスライオンとオリックスの赤ちゃん 90
21 サルとハト 94
22 カニクイザルと子猫 98
23 メス馬と子ジカ 104
24 カピバラとリスザル 108
25 ムフロンとエランド 112
26 近視のシカとプードル 116
27 オランウータンと子猫 120

28 オランウータンとトラの赤ちゃん ―― 124

29 フクロウとスパニエル ―― 130

30 子フクロウとグレイハウンド ―― 134

31 パピヨンとリス ―― 138

32 写真家とヒョウアザラシ ―― 142

33 ピットブル、シャムネコ、そしてヒヨコたち ―― 146

34 ミニブタとローデシアン・リッジバック ―― 152

35 ウサギとモルモット ―― 158

36 ネズミと猫 ―― 162

37 レッサーパンダと乳母犬 ―― 166

38 サイとイボイノシシ ―― 170

39 ロットワイラーとオオカミの赤ちゃん ―― 176

40 イルカと犬 ―― 182

41 盲導猫と盲目の犬 ―― 186

42 そり犬とホッキョクグマ 190
43 ヘビとハムスター 194
44 カメとカバ 198
45 シロサイとオスヤギ 202
46 シマウマとガゼル 206
47 コショウダイ、フグ、そして私 210
著者あとがき 215
訳者あとがき 217

ブックデザイン　井上新八

1

アフリカゾウとヒツジ

The African Elephant
and the Sheep

　ゾウのテンバは、生まれてちょうど６か月目に、恐ろしい事故にあいました。群れで移動しているときに、彼の母親が崖から落ちて死んでしまったのです。南アフリカの、自然保護区内での出来事でした。

　生後半年というのは、母と子の絆が形成されるタイムリミットに近いので、獣医さんたちは、群れの誰かが親代わりになってくれればと願いましたが、その気配はありませんでした。そこで、ゾウ以外の動物から、代理の母親を探すことにしたのでした。

　ケープタウンの東にあるシャムワン野生動物リハビリセンターでは、母親を亡くしたサイの子どもを、ヒツジと一緒にし、成功を収めていました。同じようないい結果が得られたらと、リハビリセンターの職員は、近くの牧場から、家畜として飼われているヒツジを借り受けました。

　どうして、ヒツジなのでしょう？

　お世辞にも頭がいい動物には見えませんね。でも、実を言えば、ヒツ

ヒツジ

羊毛のために家畜化されている。牛と同様、反芻動物である。視力、聴力ともに優れていて、視野は300度以上あるそうです。

ジの知能は、非常に賢いブタより、ちょっとだけ劣るだけなのです。ヒツジは、長い間離れていても、相手を見分けることができます。また、表情の変化により、感情さえ読み取れます。そして、動物の種が違っても、親しげな表情に対して反応することもできます。ですから、異種の動物間での絆の形成は、あり得なーい、と驚くほどのことではないのです。相手方がゾウならば特にそう。ゾウは、文句なしに賢いし、表情が豊かです。しかも、社会的な絆を大切にする生きものでもあります。

とは言っても、2つの違った種の動物を一緒にする試みが、最初からうまくいったわけではありません。アルバートを連れてきて放すと、テンバは、耳をばたつかせ、できるだけ自分を大きく見せようと尾を高く上げ、水飲み場のまわりを追いまわしました。アルバートはびっくりして逃げ、何時間も身をひそめてしまいました。丸3日間というもの、お互いに警戒をとかず、ぴりぴりしながら探り合う状態が続きました。でも、やがてうちとけ、最初、大きなストレスに苦しんだけれども、それを乗り越えてよかったと思わせる好結果につながりました。

リハビリセンターの野生動物部門の部長、ヨハン・ジョウバートは、こう言っています。「テンバが食べている木にアルバートが近づいていって、その

アフリカゾウ

サバンナや森林に生息する。主に赤ちゃんは母親と行動を共にし、3〜10頭ぐらいの群れをつくります。

木から葉を1枚とって食べた光景を忘れることができませんね。やがて、くっついて眠るようになり、絆（ボンド）は完成したと確信しましたけれども、実のところ、テンバがアルバートの上にかぶさり、つぶしてしまいはしないかと心配もしました」。

ひと度、ボンドができあがると、ゾウとヒツジは離れ難くなりました。馬がまわりにいるのに、テンバとアルバートは、ぴったりとたてに並んで昼寝をしたりしていました。テンバはまた、その長い鼻をアルバートの背にあずけて、おやつを探すため、さくの中を歩きまわるのでした。

飼育係は、テンバがヒツジのまねをするものだとばかり思っていました。ヒツジの方が年上だったからです。しかし、逆でした。アルバートは、とげがあるアカシアの葉を食べるようになりました。普通、ヒツジが食べないものです。

ヨハン・ジョウバートは、彼のスタッフたちと、テンバが生まれた場所で暮らしているゾウの群れに、テンバを放す計画を練りました。しかし、準備をしていたある日、テンバは腸捻転でたおれてしまい、獣医たちは彼を助けることができませんでした。本来、70 歳まで生きるはずなのに、2 年半の命でした。

リハビリセンターのスタッフたちは、ひどく悲しみました。でも、幸いにも、アルバートは気を取り直し、リハビリセンターにやってくるシマウマの子やヌーの子たちと、仲よく暮らしたということです。

クロクマと黒猫

The Asiatic Black Bear
and the Black Cat

ぱっと見で判断すると、この２ひきの哺乳類は、つやつやした黒い毛、よく似ているぴんと立った耳、陽気な仕草などから、同じ科に属するんじゃないの？　と言いたくなる何かがあります。でも、人間に飼いならされた猫とアジアクロクマのＤＮＡは、共通した所はほとんどないのです。と言うわけで、このケース、猫のムッシとクマのマウッシの場合、動物学上の血のつながりによって結ばれたわけではないのです。もっと違った何かが２ひきを仲よくさせたのです。

ベルリン動物園で、マウッシは 40 年以上飼い続けられてきましたが、ムッシがどこからやってきたのか誰１人として知りません。

園長のハイナー・クレスは、こう言っています。

「黒猫は 2000 年頃、突然クマの檻に入りこんで、仲よくなっちゃったんですね。同じ肉食獣とはいえ、まったく違う種類の動物がここまで仲よくなるのは異常な出来事です。でも、お客さんたちはとっても喜んでくれます」

マウッシは、報告されている中では、最高齢のクロクマです。森林性の中型種で、アフガニスタンの一部、ヒマラヤ、東南アジアの国々、ロシアの極東部、日本などに棲んでいます。マウッシは、飼育下で、十分な世話を受けて暮らしてきました。しばしば昼間、干し草のベッドから手足をだらんと下げて寝ていたりしますが、その横には猫のムッシが寝ていますし、一緒に日だまりで日光浴をしたりしています。彼らは、生肉、死んだネズミ、果物などを分けあって食べます。クマの展示の模様がえの時に、お互い

アジアクロクマ

中国やロシア、インドなどアジアに生息するクマ。日本ではツキノワグマと呼ばれる。個体数が年々減っており、絶滅危惧種に指定されています。

別々にされたことがありましたが、その時、猫はかなり困ったようすでした。でも、結局一緒になることができました。動物園のスタッフだって、彼らが一緒にいると満足し切っているのを知っているので、再会できるよう手はずを整えたのでした。

展示が新しくなるとムッシは、クマの檻と外とを自由に出入りできるようになりました。

「でもムッシは、いつだって老いたクマの元へと戻ってきましたよ」と、クレスは言います。

この珍しい関係は、15 年ほど続き、その間、2 ひきは仲むつまじく暮らしたということです。

ネコ

犬と同様に世界中で広くペットとして飼われている。体が柔らかく、自分の頭以外のすべての場所をなめることができます。

3

子ジカとオオヤマネコ

The Fawn
and the Bobcat Kitten

火災は、野生動物にとって大敵です。カリフォルニア州の1年だけを例にとっても、ひと月以上燃え続く火災が50、いや、もっと多く起こります。一度に数十万平方メートルもの生息地が破壊され、数千の動物たちがそこから追い払われてしまうのです。多くの動物が焼け死にますし、また、ストレスや脱水症状によって死に追いこまれます。

しかし、救出される幸運なものもいます。2009年、サンタバーバラの近くで起きた大火の際、ちっちゃな子ジカと幼いオオヤマネコの身の上に、まさにそのことが起こってしまったのです。ちょうど5月で、多くの野生動物が子どもを持つ季節でした。ですから、カリフォルニアの森には、ひょろひょろと、足元がおぼつかない、新生児がたくさんいました。また、この年は他でも大火があり、広大な森が焼けました。そして、生き残った動物たちは心身ともにひどく痛めつけられていたのです。5月の火災は動物たちにとっては特に悲惨なものなのです。

サンタバーバラ野生動物救助隊の隊員が、1頭の非常に幼い子ジカを抱き上げました。その子ジカは、火元の近くにいて、ひとりぼっちで、よろよろ歩き、ないていました。

親を亡くした子がたくさん運びこまれ、野生動物センターの施設には、ほとんど空きがありませんでしたので、保安官《シェリフ》が詰所の一部を臨時の収容場所として貸してくれました。

ミュールジカ

アメリカ西部に棲むシカ。シートン動物記などでも知られている。ボブキャットやアメリカクロクマは本来は天敵とされています。

救助隊の隊長、ジュリア・デイ・シエノはこう言いました。

「そこの囲いの中には、すでに保護されたオオヤマネコの子どもがいたのです。私たちは、子ジカを知事の所有地で見つけたのですが、弱り切っていて24時間つきっきりのケアが必要な状態でした。助けられるものかどうか、自信はありませんでした」

どうしよう。迷ったけれども、他に選択肢はありません。彼女は、2ひきを一緒にしました。

それは、まさに、2ひきが必要としていたものでした。

「子ジカを入れた瞬間、ヤマネコはまっすぐ近寄り、くっついて眠り始めました。彼らは疲れ果て、消耗し尽くしていました。彼らは抱き合い、まるで1ぴきに見えるほどでした」

救助隊が他の収容場所を用意したので、彼らは2時間ばかり一緒にいただけでした。

ボブキャット

ネコ科オオヤマネコ属の中型獣。肉食で、ウサギやリスなどを主食にするが、時にシカなども襲います。

「でも、彼らにとっては、大変重要な時間なのでした。2ひきは、お互いのぬくもりを感じ、ほっとしたのです。そして多分、恐怖や寂しさを取り除いたのでしょうね。何というすてきな結びつきでしょう」とシエノ。

救助グループは、この時、野生動物からあらゆるペットまでを救出し、リハビリを施したのです。カモからキツネまで、あらゆる生きものを。そして、燃え残った場所に放してやりました。そして、この本当に必要とされた休息の後、子ジカは、同じ仲間と成長させるために、ヤマネコから離され、子ジカの囲いに移されました。数か月後、子ジカが満1歳になった頃、群れは自然に返されました。

デイ・シエノはこうも言いました。

「ちょっとおかしいですよね。本来、子ジカはヤマネコのごちそうのはずでしょう。もっとも、ヤマネコが大人だったらですけど」

たとえ飼育下であっても、時期さえくれば、ヤマネコは、こっそり忍び寄って相手をしとめる名ハンターになります。でも、火災というストレス下では、敵同士が抱き合いました。

「あのような危機的状況では、生きていこうという気持ちを高め合うんでしょうね」

シエノは、そう結論づけています。

4

ボブテイルの犬と猫

The Bobtailed Dog and
Bobtailed Cat

2005年8月。ルイジアナ州、ニューオリンズ。

ハリケーン、カテリーナが襲いかかった時、数千人が、自分たちのペットを置き去りにして高台に避難しました。何とかしのいでくれればと、多くの飼い主たちは、水とペットフードを置いて去りました。1日か2日で、戻ってこれると思ったのですね。しかし、家に帰れた人はわずかでした。少なくとも25万びきのペットが、自分の力で何とか生きのびることを余儀なくされたのです。

数え切れぬペットが死にました。生きるんだ、という最も強い本能に従って、道に迷い出ました。助かりたいと、群れに身を投じるものもありました。そして、この2ひきが出逢ったのでした。

犬は、メスで、ボブテイル（短い尾）でした。猫の尾も同じで、オスです。犬は鎖でつながれていましたが、それを引き千切り、切れっ端が首輪についていました。猫は、その鎖を追うようにして、犬についていったみた

犬

世界で最も飼われている愛玩動物。その起源は古く、古代エジプトの壁画にも人と犬とが並んだ絵が描かれています。

いでした。そのようにして、街中を何週間もうろついていたようです。嵐の前、２ひきが誰かの家で一緒に飼われていたかどうかなどは、知るものはなく、復興のために街に入った人が見つけた際には、２ひきはすでに一緒でした。犬は明らかに猫を守ろうとしていて、誰かが必要以上に猫に近づくと、うなり声を上げました。

ベストフレンド動物保護会という組織があります。そこの会員たちが２ひきを保護し、ニューオリンズの郊外にあるメタイリーの仮施設に連れていきました。尾が切れていたので、彼らは、犬をボビー、猫をボブキャットと呼ぶようにしました。

「私たちは、犬と猫を別々の囲いに収容することにしました」

と、バーバラ・ウイリアムソンが言いました。彼女はその会で、マスコミ対応の公報の役をしていました。また、収容後のボビーたちのようすを観察してもいました。

「この扱いを、しかしボビーは受け入れませんでしたね。人の肺腑《はいふ》をえぐる鋭い声でなくのですよ。２ひきは、離されていると、興奮しまくり、大声でわめきました」

そこでボランティアたちが、大きめのケージの中に小さなケージを入れるという妙案を思いついたのです。嫌だったら逃げこめますからね。好きな時に会えばいいわけです。

バーバラは言いました。

「ボビーはね、子猫がそばにいる間は、それは静かでしたわ」

間もなく、ボブキャットの目が見えていないことがわかりました。たぶん、全米人道協会によれば、アメリカで１年間に保健所に持ち込まれる犬猫の数は600万～800万びき。そのほとんどが薬で安楽死させられてしまうそうです…。

生まれつきの障がいだったのでしょう。そうわかると、この2ひきの行動が余計に感動的に思えてくるのでした。ボビーは、本当に子猫を導いていましたし、また守ってもいました。

バーバラは、こうもつけ加えました。

「ボビーがどうやって意志を伝えたかですけどね、ボビーは吠えたのですよ。その声で、進め、停まれと命じました。そして、お尻で子猫を押してやりました。まったくもって、信じ難いことですけど。そして、ボブキャットは、障がいを持っていましたが、自信たっぷりで、堂々としていました。それに比べると、ボビーは、ぎこちないティーンエージャーでしたわ。そのギャップ、なんだか、笑えちゃいました」

このニュースは、マスコミが知るところとなり、またたく間に世間に知れ渡りました。そして動物保護協会は、この特別なカップルを、しかるべき飼主に引き取ってもらったのです。ところが、子猫は、間もなく重い病気にかかり死んでしまいました。

新しい飼主は、ボビーへの最良の薬は、新しい猫を見つけてやることだと考えました。収容所から子猫を引き取りましたが、奇しくも尾がボブテイルでした。ボビーは、すぐにその猫を受け入れました。

「この2ひきは、動物が持つ心の深さを教えてくれました」

と、バーバラは言いました。

幸いにも、このような濃密な感情のやりとりは、人と動物との間にも有り得るものなのです。カテリーナに遭ったペットを救い出す仕事は、とても大規模なものでした。ボランティアや救助隊員たちは、精力的に数千もの動物の命を救いました。

5

牧羊犬とチーター

The Anatolian Shepherds
and the Cheetahs

アフリカの南西部に位置するナミビアでは、灼熱の砂地が広がり、農家や酪農家が食べていくのは容易なことではありません。そのような人たちにとっては、チーターは歓迎されざる存在です。ネコ科の猛獣にとって家畜は、大きくて美味しいごちそうだからです。特に旱魃《かんばつ》時には、野生動物がサバンナから消えます。ですから、人々はチーターの姿を見ると、撃ち殺してしまいます。家畜は、自分たちの生活を支える存在なのですから。

チーター保護基金は、妙案を思いつきました。家畜を守るように育てられた犬を、農家に推奨するのです。そして、その任務に選んだのが、アナトリアン・シェパードです。この犬種は、数千年も前から、トルコの中央部で、家畜を守るようにと作り出された種類です。大きく忠実なこの犬は、用心深いチーターをどうやったら追い払えるか知っていました（野生のチーターは、大自然の中で、恐ろしい敵にぶつかると、快速で逃げ

チーター

体長は1メートル強。地上最速の動物として知られ、そのスピードは時速100キロを超えると言われています。

ます。それが彼らにとっては最良の防御なのです）。また、チーターがヒツジやヤギを襲わないようにすることは、チーターが農民に撃たれないということにつながってきます。そして、家畜泥棒というチーターに押された烙印を消してもくれます。その結果、チーターが自然に残ることになるのです。この計画は、広い範囲で功を奏していました。

さて、際立った別の事例もあります。

アメリカにあるあちこちの動物園では、この牧羊犬を、チーターを追うためではなく、むしろチーターの親友にするために導入されているのです。

キム・コールドウェルは、サンディエゴ動物園のサファリパーク部門で動物訓育主任をしていますが、こう言っています。

「若いチーターと家犬とを一緒にすると、さまざまな利点が生じることを私たちは見つけてきました」

特に、両方を幼い頃から一緒にしていると、チーターにとって犬が、人の幼児が執着して持ち歩く安心毛布みたいな存在になるというのです。特に犬が、もの静かで、陽気で、順応しやすい性格だと、チーターをリラックスさせるし、不慣れな環境にもなじみやすくさせてくれます。それはチーターのストレスを取り除いてくれますし、飼育係の苦労をも軽減してくれるのです。

キムは、こう言います。

アナトリアン・シェパード

トルコが原産と言われている、歴史の古い犬種。頭がよく、ショードッグとしても人気があります。

「チーターは犬に対して尾を振ってこたえます。私たちでは、こうはいきません。犬は、チーターの耳のあたりをなめてやりますし、跳びかからせたり、しゃぶらせたりします。人間があれこれと面倒をみるよりも、60キロの犬を玩具として与えた方がいいんです。取っ組み合ったりして遊ぶ中でさまざまなルールも覚えていきますしね」

サンディエゴ動物園とサファリパークでは、同じ目的で、さまざまな交雑種の子を使ってみましたが、牧羊犬ほどぴったりのものはありませんでした。ある雑種犬は、遊びに火がつくと、とめられなくなってしまうと、ケイは言いました。牧羊犬は、子犬のように陽気です。いつでも馬鹿騒ぎに応じますが、最終的に、2ひきは毛のかたまりみたいになって横たわります。そして、なめたり、なめられたり――。

このグルーミングは、チーターが特に好きでした。

「犬は、24時間遊べますが、ネコ科の動物は、結局の所、日がな一日、眠っていたい動物なんです」

いつも一緒の2ひきですが、食事は別々でした。

「犬は丸のみだけど、猫は噛み砕きますからね。だから、食事の際、いざこざが起こったりします。でも2ひきの間にできた絆は、一生ものみたい」

と、キムは笑いました。

6

オウムと子猫

The Cockatoo
and the Cat

猫の耳の後ろをかいて、生涯の友。

とは言うものの、もしも、羽があり、くちばしを持ち、足は鳥という生きものが、そこをかいていたらどうでしょう？　それって、ラッキーにとっては問題じゃなかったのです。ラッキーは、若い猫。捨て猫だったのですが、好運にも、ジョージア州のサバンナに住んでいるリビー・ミラーに拾われたのです。連れ帰られてすぐに、ラッキーは、ココというオウムがいることを知りました。オウムは、厚かましく、遠慮知らずで、ラッキーを足で軽くつまんで、ちょっかいをかけてきました。

ある朝のことです。ココは飼主のベッドの脚のところにとまっていました。まだ鳥と打ち解けていないラッキーは、ベッドの下に隠れているに違いありませんでした。リビーが部屋に入って驚きました。「いるじゃないの。2ひきが、ベッドの上に」。瞬間リビーは、どちらかが傷つけられるのではないかと心配しました。でも、そんなことはありませんでした。

「ココったら、とってもやさしいのよ！　ラッキーを、片方の足ですっとなでるの。それから、頭の上を行ったり来たり。でもラッキーは、いっこうに平気だったわ」

リビーは、すかさずカメラを構え、その不思議な交流を撮影しました。そのビデオがネット上にアップされると、あっという間に評判になりました。

タイハクオウム

インドネシアの固有種であるオウム。成鳥は約50センチほどの大きさになり、人にとてもよく慣れることでも知られています。

「世界中の人が、楽しんで見てくれてるみたい」

と、リビーは言いました。

ココが鋭い爪とくちばしを持っているにもかかわらず、2ひきの動物たちは仲よしであり続けました。ココは、棒みたいな舌を猫の耳に入れました。また、猫をもみくちゃにしたりしました。やわらかい毛皮や湿った肌が好きみたいでもありました。ラッキーは、ココからの愛情を受け入れ、ごろんと横になったり、やわらかい腹を差し出したり。

1日の終わりには、猫と鳥のペアは、飼い主どちらかの膝の上でまったりと一緒に過ごします。まわりに4ひきの犬を従えて。皆が絆を確かめ終わるまで、夜は終わらない感じがしたものです。

「私たちは、動物たちが一緒にいることを楽しんでくれれば、それで幸せ」

そう彼女は言いました。

7

ダックスフントと子ブタ

The Dachshund
and the Piglet

骨まで凍るある寒い夜、西バージニアの農家の納屋《なや》、そのわらのベッドの上で、とても幸運な1頭のブタが誕生しました。

ピンクは、どこから見てもダメっ子でした。その夜、メスブタの助産をしていたのは、ジョアンナ・カービー一家。夫婦と娘で小さな赤ん坊が生まれるところを見ていたのですが、3人とも、その子が生き残るとは夢にも思いませんでした。けれども、ピンクは、思いがけないもののおかげで生きるチャンスに恵まれたのです。

子ブタは、11頭生まれましたが、最後に出てきたのがピンクです。そして、ピンクがきょうだいと違うのはすぐわかりました。ブタは普通、目が開いて生まれてきて、出てきて1分もすると、動き始めますし、乳を吸います。そして、2キロほど体重があるのですが、ピンクは500グラムに満たない小ささでした。目も閉じたまま。ひ弱で、毛が生えてなく、か細い声で、やっとキーキー、となきました。

ブタ

家畜として多くの国で飼われている。子だくさんで、一度の出産で平均10頭ほどの子どもを産みます。

「箱の中で寝そべり、ブイッとなくだけでした。自分で歩こうとはしませんでした。ただもう、ぐったり」

と、ジョアンナは当時を振り返ります。

彼女は、その子ブタを抱き上げ、母親の乳房のところへ持っていきました。でも、子ブタは吸いつきません。次の瞬間、きょうだいたちが彼を押しまくり、寝床から追い払おうとしました。最も弱い競争相手を除こうとしているのです。

その時、ジョアンナはひらめきました。ダックスフントのティンクにこの子を任せてみよう。小さくて赤毛のこの犬は人間が大好きで、また、他の動物に母性愛をふりまく気質がありました。そして、ティンクなら大丈夫という出来事が、以前にあったのです。

ティンクが初めて子ブタに会ったのは、何年か前、カービー家のブタ小屋で、でした。

「その時ティンクは、子ブタたちを、小屋の隅に集めました。そして、なめ始めたのです。子ブタは、10キロほどもあり、自分よりずっと大きいのに、そんなのお構いなしでした。ティンクは幸せそうで、生き生きしていて、笑ってるみたいでした」

と、ジョアンナは思い出の糸をたぐりました。

その後も子ブタとの交流は続き、ある時など、子ブタのそばに行きたくて、ブタ小屋のぬかるみにはまって、溺れそうになったりしました。

少し前にティンクは2頭の子を産んだばかりでしたが、1頭が死産でした。で、彼女は明らかに落ち込んでいました。

ジョアンナは、ティンクとピンクを一緒にし、残っている1頭の子犬が、ピンクを受け入れるかどうか見てみようと思いました。というのは、近年、他の犬の子を使って同じような試みをしているのです。その場合でもティンクは自分の子と同じように扱っていました。

今回、ピンクの場合も、同様にうまくいきました。

「ピンクを犬の囲いに入れたとたん、ティンクは夢中になりましたね。全身をくまなくなめるし、残っていたへその緒を噛みとっちゃいました。そして、ピンクをあごの下に入れて温めました。そして、子犬たちが乳を欲しがると、ティンクは鼻面でピンクを押し、子犬の仲間入りをするようにうながしました」

ピンクがティンクになつき、乳を飲み始めたので、カービー夫妻は、ほっとしました。

「ティンクは子ブタをとても大切に扱いました。きっと好みだったんですね」と、ジョアンナが言った。

世話が本当にいき届いたので、ピンクは大きさも体重も、きょうだいに追いついてしまいました。でも、子ブタたちを見向きもしませんでした。彼の家族は、いまや犬だったのです。彼は、何の違和感もなく、子犬たちとじゃれあい、取っ組み合って育ちました。

8

ダイバーとマンタ

The Diver and the
Manta Ray

シアン・ペインは、数千時間、海でダイビングをこなしてきました。運がよく、サンゴ礁にいる微細なエビから巨大なジンベイザメまで、ごく間近で会うことができました。でも、このドレッドヘアの船長が巨大エイ“マンタ”について語る時ときたら、まるで自身の初恋について話しているかのよう。

彼は、エイを探していたわけではありません。巨大ハタを撮影する水中カメラマンの助手が彼の役目でした。この巨魚は、カリフォルニアの沿岸に棲み、時に360キログラムの大物がいたりします。その生息する海底が、マンタとかぶっているのでした。彼は、日暮れ、深さ約30メートルの所に横たわる難破船へともぐっていきました。そのような場所には巨魚が集まっています。彼は他のダイバーが気づくようにと、ダイバー鈴《ベル》も鳴らしていました。

彼は、思い出します。

ヒト

学名：ホモサピエンス。びっくりどうぶつフレンドシップを一番数多く体験しているのはこの種かもしれませんね。

「突然、その黒い小さなエイが、ぼくめがけてやってきたんです」（もちろん、小さいなどというサイズは、相対的なもので、このマンタというエイは、大きいものは、長さ６メートル、重さは1300キログラムに達します）

普通エイは、ダイバーに対して、好奇心を持ってはいても、目の前を行き過ぎるか、ちょっと離れた砂地に舞い降りるものです。だけど、この若いエイは、明らかに人の手でさわってもらいたがっていました。

「下の方からやってきて、体を押しつける感じで、思わず、両手で距離をとりました。でも、その、骨や筋肉がビロードでくるまれているみたいで、信じられない感触……」

と、彼は言いました。

エイは、ほんとに、ほんとに、ダイバーと踊ったのです。彼をリードし、くるりとまわる奇抜なタンゴ。踊る、つまり、彼の手に身をゆだねます。彼がなでてやりますと、体の端についているヒレが、ぶるぶる震えました。親しい犬のお腹をかいてやると、足が震えるような、そんな感じ。

シアンは言いました。

「ぼくは、もう夢中になっていて、エイと別れることなんてできませんでした。普通エイは、もっとよく見ようと思ったら、追いかけねばなりません。ところが、実に、向こうからですよ、近づいてくれたのです。おまけに、さわってくれと言っています。それはあたかも、ぼくの犬、ジャーマン・シェパードを愛撫し、目と目を合わせているようなものでした。まさに、背筋がゾクゾクものです」

数分間、人とエイの間に生じた絆を楽しんでいると、仕事だという合図の音が聞こえてきました。しぶしぶ、彼は離れなければなりませんでした。

その若いエイは、他のダイバーたちにはよそよそしくて、離れた所にいました。そして彼が水面に向かった時（その友人と違い、彼には空気が必要です）、エイは、彼が安全に浮上できるのかどうか確かめるかのように、彼のすぐ下を泳ぎまわっていました。

「ぼくは水中ライトの係で、巨大ハタが産卵する際、光をあてる予定でしたが、エイのせいで、チャンスを逃してしまいました。でも後悔してません。エイとの時間は、それはそれはかけがえのないものでしたから」

彼は、そのエイを、マリーナと名づけました。それは、娘さんの名前です。ぼくの、もう１人の、かわいい娘。

シアンの、マンタへの愛情を聞いたら、大昔の船乗りはびっくりするでしょう。とがったヒレを持っているし、悪魔になぞらえられていましたし、マンタが空中にジャンプし、船を転覆させるのだという話もされていたぐらいです。

でも本当は、マンタはおとなしい生きものなのです。だけど、その伝説がどうして生まれたかは、容易に想像できます。力強くてそして優雅に、ときどきエイは空中に飛翔します。そして豪勢に水しぶきをあげるのです。いま私たちは、それを美しいと受け取るし、遊び好きだなと思ったりします。でも500年前、ぎいぎいきしむ木造のガリオン船に乗っていたら、つのがあるそんな生きものと親しくなるなんて、思ってもみないことだったでしょう。

マンタ

オニイトマキエイの通称。世界最大のエイの仲間。大きいもので幅８メートル、体重３トンにもなります。

9

ロバとワンちゃん

The Donkey
and the Mutt

　始まりは、かなり一方的で、でも、ぐらぐら揺れながらも、ちゃんと落ち着く友情というのも、ままあるものです。犬のサフィと大親友であるロバのウィスターの場合が、まさにそうでした。このロバは若いオスで、犬と仲よくなるどころか、追っ払うので有名でもありました。

　彼らが初めて会ったのは、ワイオミング州のはずれに広がる牧場地帯。サフィは、休みを利用してワイオミングに訪れていた飼主のバーバラ・スマッツと一緒に散歩をしていて、ウィスターは、牧場で草を食べていました。サフィは、見なれない動物を見つけると、もっとよく調べてやろうと近寄りました。するとロバは、敵意をむき出しにして駆《か》け寄ると、くるりと反転し、後ろ足を蹴りあげました。サフィはひらりと避け、遊ぼうよという姿勢でうずくまりました。ところが、ウィスターはますますいきどおり、鋭い蹴りを浴びせます。３度ほどその攻撃をかわすと、さすがにサフィもロバが怒っているのがわかり、その場を離れました。

ロバ

現生する一番小さい馬の仲間。粗食に耐え、丈夫だったので古くから家畜として重宝されていた。寿命は長く、30年以上生きることもあります。

でも、バーバラは生物学者で、しかも動物行動学の専門家でした。で、彼女は、愛犬がまったく種の違う動物に魅入られているようすを見ていると、胸にピーンと響くものがありました。

そこで、ウィスターが安全な囲いに入れられている日に、彼女はサフィに、仲よくなるチャンスをあげようと思い立ちました。

放されたサフィは、囲いに沿って駆け、Uターンしてまた駆けます。それにロバのウィスターが加わります。2ひきは、平行に、駆け、戻り、駆けます。そして犬は、ときどき、乱暴な遊びをする際と同じように吠えて、うなります。するとロバは、それに応じ、びっくりするような、グエッという声でなきました。間もなくサフィは、境界線を越えるようになりました。どこまで近づけるか試すかのように、囲いの中を横切ったりします。そして、ロバが勢いよく近づこうとすると、すっとんで外へ出ました。

雪がふったある日、サフィは何だか自信を新たにしたみたいで、ウィスターの囲いの中にいる時間が長くなりました。

「サフィは雪の中で、ロバよりもうまく立ちまわれると思ったみたいです」

と、バーバラ。

ついに彼らは、一緒に遊ぶようになりました。足や首をかじるし、狂ったように駆けまわり、また、口と口を合わせてコミュニケーションをはかりもしました。同じ容器から水を飲むようになり、くっついて昼寝をします。バーバラとサフィが散歩をすると、ウィスターがついてきます。そして毎日、ウィスターが草地に放されると、サフィを探しまわりました。

雑種犬

雑種強勢ということばがあるように、純血種の犬よりも健康で長生きをするという研究結果があります。

「ウィスターったら、朝の5時半、私とサフィが寝ている家の玄関にきて、いななくんです。まるで目覚まし時計みたいでしたよ。私は、さ、遊びなさいとサフィを外に出し、また、ベッドに倒れこんだものです」

それから4か月後、バーバラの有給休暇は終わりを告げ、ワイオミングを去ることになりました。ということは、サフィは親友と別れねばならなくなったのです。

「私たちは、元の生活に戻りました。そしてサフィは、前から知っている犬たちと遊ぶようになりました」とバーバラは言いました。でも、ウィスターには、サフィに代わる遊び相手がいませんでした。彼は、突然の孤独にショックを受けました。彼は食欲をなくしました。体重は激減し、囲いの中で首をうなだれるばかりでした。

「このことから見ても、犬とロバの心のつながりが、いかに強く、深かったかがわかりますよね」

ウィスターの幸せと健康を気遣って、飼い主はメスのロバを同居させることにしました。ウィスターは一人前のオスですから、これは素晴らしい特効薬でした。

「別にこれはびっくりするようなことじゃないんですけど、メスのロバは、ウィスターを元気にしましたよ」

と、バーバラは笑いました。

10

子ガモとワライカワセミ

The Duckling
and the Kookaburra

黄色っぽい、ふわふわしたもの。よちよち歩いて、なく。それはカモです。だけどそのそばにいるのは、まったく違った動物でした。

イギリス、ワイト島。そこにある海浜自然動物公園に、生後6週になるワライカワセミのひなが、1羽で棲んでいました。ワライカワセミはもともと、オーストラリアやニューギニアに生息している、世界最大のカワセミです。

公園の主任、ロレイン・アダムスが言いました。

「当園にいる繁殖用のつがいは、子殺しの経歴を持っています。だけど昨年は、3羽のひなをすくすく育てました。そして今年、メスが3個卵を産みました。でも、かえったひなを2羽、殺してしまったので、残った1羽を救出しました」

その1羽は、すぐさまクーキーと呼ばれるようになりました。

一方、スタッフは、園内にある鳥舎から、1羽のマダガスカルコガモのひなを救い出しました。小さくて、他の鳥の攻撃をかわすことができなかったからです。ロレインは、この2羽を、別々のケージで飼うよりも、むしろ一緒にしてみようと思いました。ひとりより、ふたり、です！

ワライカワセミの成鳥は子ガモをペロリと平らげてしまいます。しかし、若い間だったら害を与えないはずです。

その時点まで、クーキーは、ほとんど何もせず、1日を送っていました。保育箱に座って、じっと餌の時間を待っていました。

ロレインは、こう言いました。

「保育箱の中に子ガモを入れても、クーキーは、じっと座っていました。すると子ガモは、一直線にクーキーに近寄り、寄り添い、翼の下へもぐりこもうとしました。母ガモに対するのと同じ行動でした」

クーキーは、抵抗もせず、攻撃的な感じでもなかったので、この試みはうまくいくなと、ローレンは感じました。

それでも彼女は、夜間、2羽を別々にしておいた方がいいと考えました。そこで、子ガモを他の保育箱に移しました。すると子ガモは、ピョンピョンはね、壁へぶつかるのでした。翌朝、元へ戻すと、子ガモはまっすぐクーキーに駆け寄り、くっついて丸くなりました。

それから、同じ母親から生まれた2羽の子ガモが仲間に加えられましたが、クーキーは、3羽を抱

ワライカワセミ

カワセミ科の中では最大級（成鳥は約50センチ）。ナワバリ争いをする声が人間の笑い声に似ていることからこの名前がつきました。

マダガスカルシロスジコガモ

マダガスカルの一部のみに分布する、希少種のカモ。

いて満足げでした。

　ロレインは言いました。

「3羽のひなが、クーキーの羽の下にもぐりこむ光景は、ちょっと信じられない、驚くべきものでした」

　彼らは、食べものを分け合ったりはしませんでした。子ガモには、パンをつぶしたものに卵を混ぜて与えていました。クーキーには、死んだひよこ、ミールワーム（ゴミムシダマシの幼虫）、ひき肉などが与えられました。

「食事時を除いて、3羽はクーキーにべったりでした。クーキーによじ登って、その背の上に乗っかったりしました。くちばしで羽をかきわけ、翼の下にもぐりこみもしました」

　でもクーキーは3羽のなすがまま。立派なベビーシッターを務めました。

　ワライカワセミのなき声は、つとに有名です。彼らは首をぐいと後ろに曲げ、ヒステリックな人の笑い声に似た、ハイピッチの声でなきます。ロレインは、ワライカワセミの成鳥がなき始めると、公園中にその声が響きわたるほどです、と言いました。でも幼鳥のうちは、ほとんど声を発しません。飼育ケージの中で、3羽の子ガモとドタバタをしている際も、低い声でうなるぐらいでした。でも、遅かれ早かれ、彼は例の笑い声を発するに違いありません。すると、ちっちゃな友人たちはびっくり仰天し、毛を逆立てることでしょう。

11

ゾウとノラ犬

The Elephant
and the Stray Dog

　テネシー州のホーヘンワード、そこのゾウの保護施設《サンクチュアリ》では、世界各国から送られてきたゾウたちが集団で暮らすようになっています。これは、群れを作って生活をする動物にとっては、特に驚くべきことでもありません。

　ここには、ノラ犬が居ついていますけれども、普通、ゾウを無視しています。そして、1頭だけで生活をしたり、または犬同士2頭でペアを作って暮らしています。

　ところがここに、タラと名づけられたメスのゾウがやってきました。そしてもう1頭、今度はオスのノラ犬がやってきて、この習慣をくつがえしてしまったのです。犬の名前はベラ。

　サンクチュアリの常識からちょっとはずれて、これらの賢い哺乳動物は、お互いに認め合いました。そして、離れられなくなりました。このでっかいおとなしい生きものと、ポチャポチャっとしたノラ犬は、一緒に食べて、一緒に飲んで、そして2頭が縦に並んで寝ました。タラのまるで丸太の

アジアゾウ

インドやインドネシアなどアジア南部に生息するゾウ。アフリカゾウと違って耳が小さめ。指の数も前後の足で1本ずつ多い（前足5本、後ろ足4本）。

ような足は、犬の友だちの上にそびえたっておりました。そして、共に居る限り、彼らはとても幸せそうでした。

ある時、犬のベラが病気になりました。サンクチュアリのスタッフは、その治療をするために、ベラを家の中に持ち込みました。タラは、非常に落ちこんだ感じでした。ベラが収容されている家の近くに、まるで見張りをするように立ち尽くしていました。ベラの回復には相当時間がかかりましたが、その間、タラは待ち続けたのです。

ついに、2人はまた一緒になりました。タラはベラを、その鼻で愛撫しました。そして、前足を踏み鳴らし、大きな声でいななきました。ベラは体全体をねじって興奮していました。そして、舌をたらし、尻尾を振り、もう休みなしに喜び、地面に転げまわりました。

そして、とっても印象的な瞬間がやってきました。タラは、片方の前足を上げると、横たわっている犬のお腹をそおっとなでたのです。

ジョイ・プールという著名な生物学者がいます。ジョイは、他の誰よりもたくさんの間、ゾウ同士の行動について、観察を続けています。その彼女がサンクチュアリを訪問した時のことを、こう話しています。

「間近でタラやベラや他の犬たちがどう付き合っているのかを見たのは、とても幸運でした。ゾウは犬を鼻でやさしくなでました。それはそれは、素晴らしい光景でした」

けれども、プールにとってそのような関係というのは、さほど驚くべきことではありませんでした。

「私たちは、ゾウとの仕事、それから自分たちの犬との付き合いを通じて、両方の動物は非常に心やさしくて、近しい関係を結ぶことを知っています」

と、彼女は言いました。

野生では、ゾウは、血縁関係で作られた群れの中で非常に強い絆で結びついています。ゾウたちは、他のゾウが産んだ子どもを養子にしたりします。仲間が死ぬと葬式をしたりもします。

プールは言いました。

「タラのように色々な方法で育てられ、他の動物に触れて暮らしてきたゾウにとって、種が異なる動物に自分の愛情を向けることなんて簡単なんですよ」

ドクター・スースが描いた有名な漫画、「象のホートン」の中で、ホートンは気まぐれな母鳥の卵を、まるで母親のように抱きます。

タラだって百パーセントこういったことができるゾウに違いありません。

12

フェレットとでっかい犬

The Ferrets and
the Big Dog

　ローリー・アクスウェルは、卓越した愛犬家で、大小を問わず、さまざまな犬を飼っていました。

　ちょっと前、2ひきの頑強なピットブルと、屈強な筋肉があるのでよくブルドッグと間違われる犬とが、彼女と同居していました。でも、動物に関してなら、“混乱多くして、ますます愉快なり”と言うし、ローリーは、ボーイフレンドが飼っている、ムースとピタという2ひきのフェレットを一緒にしてやろうと思いました。2ひきのげっ歯類の暴れようといったら、家に2つの稲妻を加えたようなものでした。

　ムースとピタは、すぐさま犬が好きになりました。

「彼らはまったく手に負えなくて、部屋の中をとびまわりました」

　と、ローリーは言いました。ピットブルたちは比較的冷静でしたが、

「イングリッシュブルドッグのブランドったら、気性が荒いし、けんか好きでした。ムースは、でっかい犬と取っ組み合いをし、あごの下や鼻面

フェレット

イタチの仲間。細い体でどこにでも潜りこめるため、昔はその身体に電線を巻きつけて、狭いところを通す配線工事の一員として活躍していたそうです。

に噛みつきました。さらに、ムースはブランドのおもちゃを奪いました。なんと、口からもぎ取ることさえあり、それらをベッドの下に隠しました。フェレットったら、恐れ知らずの生きものでしたよ」

２ひきは、犬のおもちゃで綱引きをしました。ブランドは、おもちゃにかじりついたままのムースをくわえ上げるとぶるんぶるんと振り回しました。

「ムースは、それが本当に好きでした。もっとやって欲しいとせがむんです」と、ローリーは、宙吊りのムースについて話しました。その首は、きつく噛むので、筋肉がついて硬くなってさえいました。

一方、ウィンストン――ピットブルの片割れ――は、最初は、フェレットを怖がりました。

「ウィンストンったら、ベッドに寝ていて、フェレットがよじ登ってきたら、逃げようとして、反対側から落っこっちゃう始末！」

と、ローリーは、思い出を語りました。

でも、陽気にぶつかり合ううちに、ウィンストンは怖がらなくなり、１日とたたずにフェレットたちのお気に入りの枕になりました。そしてピットブルのもう１ぴき、ナラは、フェレットをなめようと追いかけまわしました。まるでレスリングの試合で、選手の汗を拭きまくっているコーチのように。

ある時、ムースは病気にかかり、後ろ足がまひしてしまいました。するとローリーのボーイフレンドが、すね当ての防具や木片、もの干し綱の滑

車などから、車椅子をこしらえてくれました。間もなく、彼は部屋の中を駆けまわれるようになり、ピタと一緒に、戸外の草の上で追いかっけこをしました。そして、フェレットの２ひきは、彼らより 10 倍も大きい犬の３人組に追いかけられるのでした。

数か月後、ピタは体調を壊し、がりがりにやせ細ってしまいました。そして発作を頻発するようになると、ローリーは“愛くるしいふわふわしたかたまり”を眠らせる決断をしました。

埋葬する前に、ローリーはピタをムースに見せました。

「彼は、ピタのにおいを嗅ぎました。遊ぼうと誘っているみたいでした。彼は、ピタの横に寝て、その頭をピタの首に乗せたのです」

他の犬たちも、息絶えたピタを嗅ぎ、不安気でした。でも、ローリーを感動させたのは犬たちがムースに示した特別な心づかいでした。

ローリーは、動物愛護協会で反闘犬のキャンペーンを展開していましたが、後に、そのウエブリイトに記しています。

「ピタが死んでからの、あの陽気なムースのオチコミがひどかったので、犬たちはその気分を回復させようとしたのです。やんちゃなナラは、ムースが興奮して、爪を立て、ナラのでっかい鼻頭を噛むようになるまで、しつこくムースをなめ、頭をこすりつけました。冷静沈着なブランドは、用心深い目つきで、家中、ムースについてまわりました。そして、抱き上手のウィンストンは、夜、丸くなり、フェレットをくるみこんでいました」

犬たちは、ピタの死を悼んで落ち込んでいるムースを、ここしかないというタイミングで、一生懸命に励ましているのでした。

13

ゴールデン・レトリバーと鯉

The Golden Retriver
and the Koi

鏡のような水面《みなも》がそよ風でゆれ、その下にいる魚が、ぴったりその動きに合わせている光景を、うっとり眺めたことがありますか？　数年前、オレゴン州の郊外、さる裏庭で、チノという名の９歳になるゴールデン・レトリバーが、そのような経験をしました。

チノのお目当ては、鯉でした。

鯉は、その美しさを最大限に引き出すために、数百年かけてアジアで選択淘汰《とうた》されたものです。今では、ヨーロッパ人にもその趣味は広がり、裏庭で群れ遊んでいたりします。人間が魅了される、この色彩豊かで大きな魚にチノも心を奪われました。

チノは、社交的儀礼をわきまえたひとかどの犬でしたが、どんなに社交的であるにせよ、犬と魚が愛情を交換するには、乗り越えるべき壁がたくさんありました。彼らは一緒に散歩できるわけではなし、取っ組み合いも、抱き合うことも、骨を分け合ったりもできないのです。彼らができ

錦鯉（ニシキゴイ）

普通の鯉を鑑賞用に品種改良した種。日本原産だがアメリカにも愛好家が多く、その数は10万人近くにのぼると言われています。

ることと言えば、しめった鼻面を突き合わすことでしかありませんでした。それでも、彼らは友情を育んだのでした。

マリー・ヒースとその夫は、裏の池に鯉をたくさん飼っていました。チノは、道ですれ違う犬たちに、特別な興味を持ってはいませんでした。その代わりと言っては何ですが、水の中の見なれない生きものたち、そのなめらかな動きに魅せられてしまいました。彼は、温かな石の上に寝そべり、魚たちがぐるりと泳いだり、沈んだり、餌を求めて浮上するのを眺めていました。

ことの始まりはこう。一家が転居し、子犬が落ちないようにと縁《ふち》を高くした池をこしらえると、チノが急に興味を示したのです。その際に新しく持ちこんだ魚は２尾で、その中に、大きくて、人なれした、オレンジと黒の模様が美しいフォルスタッフと呼ばれる鯉がいました。チノは他の魚には目もくれず、ひたすらフォルスタッフに魅かれました。そして２ひきは、お互いに、好奇心を育てていきました。

「会ったのは、池の縁です。そして、チノったら、そこに寝そべって、鼻先を水の中へ入れたんですよ。鼻っ面を触れ合わせて、フォルスタッフはチノの前足をしゃぶりました」

と、マリー。フォルスタッフは、年老いたチノが尻尾を振る、数少ない生きものでした。

マリーは、こうも続けました。

「私たちがチノを外に出すと、彼はまず魚に会いに行きました。フォルスタッフは、それに気づくと、すぐさま浮かんでくるのでした」

それからチノは、ぺたりと腹《はら》這《ば》いになり、30 分か、いやもっと長く、水中の友人と見つめ合いました。

魚の脳はちっぽけで、鯉が、友情みたいな感情を持てるものかどうか、誰も知りません。しかし、日ごとに、何かが 2 ひきを引きつけました。

おそらくフォルスタッフは、何かが池に近づいた時には餌がもらえるのかもしれないとわかっていたのでしょう。あるいは鯉は、単に、食べ、泳ぎ、交配し、逃走することよりも、もっと複雑な思考経路を持っているのかもしれません。アジアの一部では、美しく、賢く、力強い鯉は、逆境を乗り越え、勇をふるって前進する魚だと信じられています。また、あるものには、幸運のシンボルでもあります。

そしてゴールデン・レトリバーときたら、そんなことはどうでもよくて、鯉に会うたびに、長い舌をだらんとたらし、好奇心まる出しで、尻尾をぶるぶると振って親愛の情を示すのでした。

ゴールデン・レトリバー

イギリス原産の大型犬。賢くてやさしい性格で、多くの国でペットとして愛好され、盲導犬や介助犬としても活躍しています。

14

ゴリラと子猫

The Gorilla and
the Kitten

この物語は、人以外の動物たちが豊かに感情を交流し合えることを示す、古典になりつつあります。

ゴリラのココは、その掌《てのひら》に乗る大きさの親友を持っていました。

それは、1984 年のことです。アメリカの手話を教えこまれた 100 キロを超えるサルが、2 本の指をほおひげみたいに指し示しました。それはゴリラ基金の彼女の先生、フランシーヌ・ペニー・パターソンに向かっての、誕生日のプレゼントに子猫が欲しいというサインでした。彼女はココに、長年にわたって物語を読んで聞かせていて、ココが好きだったのは “3 びきの子猫 ” と “ 長ぐつをはいた猫 ” だったのです。ぬいぐるみでは満足しないように思われたので、捨て猫のきょうだいの中から、1 ぴきを選んで与えました。それはちっぽけな毛のかたまりのように見え、ゴリラがちょっと握っただけでつぶれそうでした。ところが、ゴリラは尾のないオスの子猫を、まるで子どもが人形を抱くようにやさしく扱い、ボールちゃんと名

ニシローランドゴリラ

アフリカ中央部に棲むゴリラ。学名はゴリラ・ゴリラ・ゴリラ。握力がとても強く、その力は700キロとも言われています。

づけました。

ココは、夢中になりました。彼女は、ボールを、他のゴリラが子どもを育てるのと同じように扱いました。胸に抱き、乳を飲ませようとし、つっついたりなでたりしました。また、ナプキンを彼の体や頭にかけたりして、きせかえ遊びをするのでした。ココは、自分の力を知ってるみたいで、子猫をそっと扱い、たとえ子猫が噛んだとしても、お返しに攻撃しようなどとはしませんでした。手話の先生が、おチビのボールをどう思う？　と質問すると、ココは指で示しました。

“ヤワラカ。イイ、コネコ”

その関係はしかし、長くは続かず、悲劇が訪れます。ココが子猫を手に入れた冬、ボールはゴリラの檻を抜け出し、車にひかれてしまったのです。ココを取り巻く人たちは、明らかにゴリラは、ひどく悲しんでいると言いました。ココは静かな悲しみの言葉と泣き叫びたくなる気持ちを手話で表現したのです。

この出来事について、『ナショナル・ジオグラフィック』誌には、こう記されています。

事故について問われると、ココは手話で答えました。

“泣ク”

彼女の調教師はたずねました。

“子猫ちゃん、どうしたの？”

“ネコ、ネムル”

ボールに似た猫の写真を見せると、ココは大きな手で答えました。

“泣ク。カナシイ。イヤダ”

しかし、人がそうであるように、時は深い心の傷をいやしてくれます。

ココはほどなくして、リップスティックとスモーキーという子猫を与えられました。その母性本能が再びめざめました。飼育者たちは、こんなに違う動物なのに、よくもまあと、ココの母親ぶりに感心させられました。

Lucern

15

カバとピグミーヤギ

The Hippopotamus and
the Pygmy Goat

カバのハンフリーは、生後約６か月で、サイ－ライオン保護区にやってきました。この保護区は、名が知れた動物が収容されることで有名であり、特にこの10年、絶滅危惧種であるサイの繁殖には成功してきました。でも、そうではない種であっても、ハンフリーのケースのように、迎え入れられてきました。

ハンフリーは南アフリカのとある施設のオーナーに飼われており、のっけから人工哺育の子でした。カバは、人が住んでいる家の中で育てられました。家にはちょっと大きすぎるという頃まで、カバは家の中をうろつき、裏にあるプールで過ごしました。家族が、もう限界だ、外で暮らせるようにしようと決めた頃には、ペットとして甘やかされて成長したハンフリーは、それを受け入れようとはしなくなっていました。外に出された彼は、家の中に入ろうと、ドアをいくつも壊しました。

その激情は、驚くに値しません。冷たい川の中で、リラックスし、水浴びでもしている時ならともかく、カバは、座して待ち、何がこようと受けてたつというような動物ではありません。まずもって、カバは、そのナワバリを守ろうと攻撃的です。彼らは、のしのし歩くのろまと思われがちですが、時速30キロで走ることができるのです。アフリカでは、危険という点では、カバが一番だと言われています。大きな動物——ワニやライオンをもちろん加えて、最もたくさん人を殺しているのはカバだという報告もあります。

カバ

そのユーモラスな外見と違って、非常にどう猛な一面も。アフリカでは、よく人間がその襲撃に遭い、ライオンやワニよりも多くの被害報告があります。

幸いにも、人になれているハンフリーの場合には、人に対して危害を加える恐れはまったくありませんでした。でも、4トンのカバが家の中にいるのですから、それは“2次被害”と言えるものであり、家族たちは隅っこにおしやられ、もう共同生活はダメだなとなったわけです。

ハンフリーを迎え入れたスタッフは、まず彼が寂しくならないように、そしてストレスが高じて乱暴を働かないようにと、友人を持たせてみようと思いました。

で、カメルーン・マウンテンゴート（俗に、ピグミーヤギ）の登場。種もサイズも違うので、お互い知らぬふりをしてるみたいでした。

ところが、ヤギはあまりうまくないカップリング相手だったようです。ピグミーヤギは、好奇心のかたまりであり、逃亡の芸術家とも言える存在です。彼らは、よくもまあというほどの柵をよじ登りますし、そこに何があるんだといぶかるような屋根に登ってしまいます。

運動能力がヤギほどないカバは、しかし、ウシ科の仲間の悪ふざけをマネしようとしました。で、囲いの柵を登ろうとしたのです——カバが“登る”なんていう表現ができればですけれど。それに驚いた来場者が、ピクニックバスケットの中身を投げ出してしまう始末でした。

多少の物的被害はありましたが、寂しかったカバは、ヤギとより親密になりました。そして、想定外の結末が訪れます。ハンフリーが、よその保護区に移されようとした際、判明したのです。

ハンフリーというオスの名をつけられた彼は、メスでした。

ピグミーヤギ

アフリカのカメルーン地方が原産といわれるヤギ。20世紀にアメリカに持ち込まれ、成獣でも体高が50センチにも満たないため、ペットとして人気になりました。

16

イグアナと猫

The Iguana and
the House Cat

ニューヨークの町中では、奇妙なものがたくさん見られますが、イグアナはそうそういるわけではないのです。けれども、ある日、71 番街の 13 通りを、イグアナがのそのそ歩いていて、ある男の目の前を通り過ぎました。彼は、はっと驚き、それが誰のものでもないと判断しました。彼は、家に持ち帰ろうとつまみ上げたのですが、彼の奥さんは言いました。

“そんなモノ、うちに持ち込まないで”

それで男は、動物好きの友だちに電話をかけたのです。

リナ・ディチは、公認看護師であり、動物保護活動のボランティアをしてもいました。彼女のアパートは、すでに動物園化していましたが、彼女は直ちにイグアナを受け取り、何が必要なのか調べました。彼女はケージを買い、加湿器やヒーター、赤外線ランプなどを入手しました。

彼女は言いました。

「とにかく、彼がヴェジタリアンでよかったわ」

イグアナ

熱帯雨林に生息するトカゲの仲間。繁殖力が強く、日本の石垣島ではペットから野生化したものが大量繁殖、生態系を脅かしています。

冷蔵庫の野菜室には、緑黄色野菜や果物などがぎっしり詰まっていました。

「もちろん、草食じゃなくても大歓迎だけどもね」

彼女は、イグアナをソーベと名づけました。

この爬虫類は、彼女の愛育の下で、鼻の先から尾の先まで1.4メートルほどの大きさに成長しました。

そんな折、かわいそうな生きものがもう1ぴき、リナの家に迷いこんできました。

「見つけた時、子猫は、死にかけていました。よりによって私の家の前なんて、まるでこの子が、あるいは母猫が、ここは動物にとって安全な場所だと知っているのかのようでした」

小さな子猫は、肺炎にかかり、眼病にかかり、ノミやシラミにぞっとするほどたかられていました。

リナは、その子はまだ助かると感じ、安楽死をしたらという獣医のすすめを断りました。

実際、ジョーハンと名づけられた子猫は、目ざましい回復を遂げました。そこで、リナは、この2ひきの捨て子を一緒にしたらどうなるものか、試してみようと思いました。

「私が、ジョーハンをイグアナのケージに入れてみた時、ソーベは、ゴジラのように子猫を脅し、シャーッとがなりました。とても大きく見えたし、怖くもありました。でも、ジョーハンは、われ関せず、ソー

べのかたい体に顔をこすりつけ、喉をならしました。ソーベは多分、思ったんでしょうね。おかしいな、どうして怖がらないんだい、と」。

イグアナはしかし、すぐさま静かになりました。そして、目を閉じ、子猫が顔にすり寄るのを許し、尻尾にじゃれるのを許しました。彼は、嫌がるようすはなく、喜んでいるようでさえありました。

今では、ソーベは、リナの居間で放し飼いにされています。彼は、ジョーハンや他の猫とベッドで寝起きを共にし、猫たちがなめたりしてもへっちゃら、爬虫類用の暖かい寝床に猫がいようとお構いなしです。というか、寝床に誰もいない時には、ソーベは猫を探したりします。

性的に成熟すると、イグアナは攻撃的になることがあります。

「ジョーハンや他の猫たちはソーベが、いつも以上にすり寄る際には、『これはちょっと危険かも』と逃げるようになったのです」

と、リナが言いました。親友同士にだって、時には限界があるということですね。

17

ヒョウと牛

The Leopard
and the Cow

野生のヒョウと牛が仲良くなったのは、インドでのことです。ダドハール川のほとり、アントーリという村でした。

ヒョウは、10月のある夜、獲物を求め、砂糖キビ畑を通り抜けました。と、そこに、牛がつながれていました。家畜を飼うために、インドの寒村では、ごく普通に行われていることです。そのヒョウは牛に害を与えたりしませんでしたが、そうは言っても捕食本能があるヒョウのことです。村人は心配に思って、夜、見まわりにきたりしましたが、結局彼らは、農林局に、ヒョウを近くにある保護区へ移して欲しいと頼みました。

そうして捕獲人たちがやってきたのですが、すぐに彼らは、予期せぬ光景を見ることになります。

グジャラート州の野生動物保護論者、ロヒート・ビャスは、ヒョウの捕獲に何回か出向きました。ヒョウは、その地域に夜になるとやってきました。ひと晩に何度も現れるときがありました。でも、なまなましい食事の

ヒョウ

ライオンやトラに並ぶ、大型のネコ科の肉食獣。体の斑点が特徴。樹上で獲物を待ち伏せし、飛びかかってしとめます。

ためではありませんでした。それどころか、牛と抱き合うためにやってきていたのです。ヒョウは、ためらいがちに牛に近づき、頭を牛の頭にこすりつけ、体をくっつけました。牛はヒョウの頭や首から始め、舌が届く限りの所をなめまわし、ヒョウは、明らかに喜び、身をくねらすのでした。ヒョウが到着した折、牛が眠っていたら、その横に寝そべる前に、牛の足をなめて起こしました。

近くに他の牛たちもいました。でも、ヒョウは、見向きもしません。そして選ばれた牛は、喜んでヒョウに夜の沐浴《もくよく》を与えました。およそ2か月の間、ヒョウは、夜の8時頃現れて、東の空が白み始める前に消えていきました。あたかも、彼らの不思議なあいびきを、日の輝きから隠すかのようでした。

2ひきの親密な関係がわかって以来、村人たちはヒョウを恐れなくなり、捕獲の要請を取り下げました。村人たちはまた、畑の状態がよくなっているのに驚きました。普通だったら、農作物の3分の1を食い荒らしてしまうイノシシやサルやジャッカルなどを、ヒョウが食べていたのは明らかでした。

ヒョウは、数週間、やってきませんでした。そして、2ひきが一緒にいる最後の夜が訪れました。永久に別れを告げる前、ヒョウは、9回もやってきました。

ロヒート・ビャスは、こう推測しました。

ヒョウが、遠い森から、農地を経由して村へやってきた時は、まだ幼くて母親がいなかったのでしょう。お互いになめ合った際、牛の母性本能がめざめたと思われます。ヒョウは、牛の温かささを一時的に求め、でも成獣に達したので、母親を求める気持ちが薄れたのでしょう。で、去っていったというわけです。

　そのような説明は可能ですが、この関係はちょっと、想像もつきませんでした。ロヒートはそう言い、こう続けました。

「われわれは、すっかり魅了されました。ヒョウは、肉食獣ですよ。ハンターなんですよ。それが餌である動物に対して、愛や親密さを示すなんて、誰が期待するでしょう！」

牛（ブラーマン種）

アメリカでよく飼われている、家畜牛と野牛を交雑させて作られた肉用牛。大きくたれている耳が特徴。

18

子ライオンとカラカルの兄弟

The Lion Cub and the
Carcal Siblimgs

　あるヤマネコに起こった不幸な事件が、違う種同士の幸せな結びつきを生みました。

　場所は、南アフリカのポートエリザベス。プンバ鳥獣保護区。

　そこでは、ライオンがうろつき、チーターが走りまわっています。シマウマやキリンたちが、ほこりっぽい草原でじっと静かなシルエットと化しています。サイやゾウたちが、水場を泥水にしています。

　まず、シェバという名のライオンの子が、プンバに、リハビリのために送られてきました。シェバの母親は、妊娠中ということがわからず、誤って野生動物の援助チームにつかまってしまいました。子どものうち２頭は、出産後すぐに死亡し、捕獲時のストレスのせいで、３頭目の子は、母親から育児放棄されてしまったのです。

　プンバ保護センターのスタッフたちは、見捨てられたライオンの子を拾い上げ、母親の代わりをしようとしました。彼らは、その子を 18 か月ま

カラカル

アフリカや西アジア、インドに生息する肉食の中型ネコ。跳躍力があり、時に、飛ぶ鳥に向かって３メートルもの大ジャンプをして捕獲します。

で育て、7000ヘクタールある森と平原の地に放し、ライオンの群れに入れる計画を立てました。

子ライオンがやってきてさほど時を置かず、保護区には、２ひきのカラカルの子が、持ちこまれました。カラカルは、アフリカや中東をうろつきまわる、ちょっと小ぶりですが、すばしっこい、ヤマネコみたいなものです。

カラカルの母親は、猟犬に殺されてしまいました。彼女が農場のヒツジを襲ったからです。

カラカルの子は、普通、１年ぐらいは母親と行動を共にします。ですから母親代わりになるものがいなければ、彼らの未来には厳しいものがありました。ライオンの子と共に、プンバ保護区のスタッフたちは、カラカルを必死で育てました。彼らは、２ひきを、ジャックとジルと命名しました。もちろん、遊び友だちとして、心に期するものがありました。シェバ、です。寂しがり屋のライオンのおちびちゃん。

期待通り、シェバとジャック、ジルたちは、すぐさま仲よくなりました。

「彼らは、わが家の犬、フランキーと一緒に住みました」

と、保護区のリーダー、デール・ホーワースは言いました。彼の家は保護区の境に建っています。

「彼らは、家猫みたいにじゃれ合いました。でも、大きいし、乱暴だし、じゅうたんや家具は、もうメチャクチャ。カーテンに登るだなんて、あったりまえ」

３びきは、デールと奥さんの寝室で１か所に固まって、毛の山となり眠っていました。ライオンは、ちび2ひきの食事にちょっかいを出すことはありませんでした。

デールは言います。

「生後12か月になると、カラカルたちは、保護区のどこへでも行けるようにしますし、ライオンは、結婚できるようになったら、生後18か月で、“家族”から離し、どこかへ行けるようにする予定です。その時がくれば、3びきとも、思うがままです。ここにとどまるか、出ていくか、選ばせてあげる予定です。プレッシャーなんてありません」

ライオン

百獣の王。オスには立派なたてがみがあるが、狩りをする際の邪魔になるので、狩りはメスが行う。狩りをする時以外、1日のほとんどを寝て過ごしています。

それまでは、甘い日々が続きます。ベランダで、食べたり眠ったり。こけたり、つかみ合いをしたり、爪を立てたり。そして、家の中や庭を、狂ったように夢中になって駆けまわり、デールたちをびっくりさせて。ずう体は大きくても、結局、子猫は子猫なのです。やがては、カラカルやライオンになるのでしょうけども。

19

ライオン、トラ、そしてクマ

The Lion, the Tiger
and the Bear

おや、まあ!

ドロシーとオズの仲間たちをびっくりさせたあのビッグスリーが、また現れましたよ。でも、ジョージア州ローカストグローヴにあるノアの箱舟動物救護センターでは、ライオン、トラ、クマが、闘ってはいないのです。彼らは、きょうだいなのです。

彼らは、2001年、センターへ一緒にやってきました。3びきとも、天然資源局の手入れによって押収されたのです。ライオンの名はレオ、トラはシーア・カーン、クマはバルー。生後3か月とは経っていなくて、センターに来るまでに、共に厳しい運命を耐える中で、離れ難くなっていました。

ですから、3びき、そのままでした。センターでは広さ十分で頑丈な“クラブハウス”があてがわれました。それは、木造で、ごろ寝もでき、珍妙なコンビがいるぞとの評判が立ち、押し寄せる観客の目から隠れる場所もありました。

アメリカクロクマ

北アメリカの森林地帯に生息するクマ。雑食性ですが、木の実や草、木の根などを好んで食べます。性格は比較的おとなしい。

野生の状態だと、この３びきは、海原を渡らなければ会うことができません。ライオンはアフリカ。トラはアジア。そして、アメリカクロクマは、当然アメリカ出身です。

でも、そういった出自の違いは、仲のいいルームメイトとなる障害にはなりませんでした。

ノアの箱舟の創設者、ジャマ・ヘッジコスは、「彼らは、毎日のようにたわむれ、それが時には激しくなることもありますが、闘争にまではいたりません。それぞれが、本当に仲がよくて。お互いに愛撫し合い、共に眠り、共に食べ、とてもよく、調和がとれてましたよ」

と、言いました。

朝、彼らは元気いっぱい飛び起きると、取っ組み合いをし、玩具で遊びます。玩具は、古タイヤや丸太ん棒など壊れもしない頑丈なものです。そして午後は一転、怠け者になります。庭や彼らの家の入り口でだらーんと手足を伸ばして横たわり、それを横目に観客が通り過ぎていきます。

猫と違い、トラは水が好きですし、クマもそうです。ですから、シーア・カーンとバルーは、２ひきでびしょびしょになって水遊びをします。

彼らには何年間も、水遊びをする浴槽がありましたが、次に彼らの家が改築される際には、近くの川へ行けるようになるでしょう。

トラ

中国、極東ロシア、東南アジア、インドなどに生息。ネコ科最大級の肉食獣。乱獲や生息地の減少で、地球上には10万頭程度しか残っていません。

別々の大陸で生まれて、アメリカのジョージア州へは、不幸な出来事によって連れてこられた３びきですが、今や家族として暮らしています。ライオン、トラ、クマは遺伝的にも違っていますし、出生地は、はるかに異なっていますけど、彼らは、そんなことは知りません。

「ここが、彼らの家なんです。きっと、健康で長生きしてくれることでしょう」

ジャマは、そう言っています。

20

メスライオンとオリックスの赤ちゃん

The Lioness and the Baby Oryx

ケニアのサンブール国立保護区。

草生い繁る丘、やぶが密生し、そこに東アフリカのブッシュが広っていて、平原を茶色に濁った川がうねうねと続いています。カバやゾウがいて、シマウマやキリンがいて、すぐに消失する水場から、ネコ族の猛獣たち、うるさいサルなども、一緒に水を飲んでいます。牧畜で暮らす人びとが、牛やヤギを連れてもきます。自然が、いつものありようを変えて伝説的な動物物語を産み出したのは、ここでした。

まったく、聖書の中の光景みたいでした。ライオンとオリックスの赤ちゃんが、仲むつまじく寝そべっているのです。地元の人たちは、神の教示だと言いました。彼らは、ライオンをカムニャックと名づけました。"祝福されるもの"という意味です。人びとは、この不思議なカップルを見ようとブッシュのそばへ行き、奇跡が続きますようにと願いました。

社会人類学者で、ゾウの保護論者でもあるサバ・ダグラス・ハミルト

サンブル国立保護区
ケニアのエワソニイロ川のほとりに位置し、グレービーシマウマやソマリアダチョウ、ベイサオリックスといった珍しい動物が数多く生息していることで知られています。

ンは、2週間以上にわたってその2ひきを観察しました。2ひきはますます仲よしになっていきました。オリックスの方は、日に日に脚が強くなっていきます。ライオンと言えば、まだ鼻がピンク色なのです。子を産んだり、失ったりするには若すぎます。でも、自分の餌が草食動物で、そして狩りをし殺すことは知っているはずです。サバは言いました。何かの理由で群れからはぐれ、オリックスを、“まるでわが子として”受け入れたのね、と。彼らは、一体となって、並んで歩いていました。

ライオンは、母性本能と狩猟本能、どちらに従うべきか、迷っているようにも見えました。しかし、母性本能の方が勝ちました。オリックスをずっとそばに置いておきますし、やさしくなめ、まるでわが子のように扱いました。オリックスはと言えば、自分が何者であるかまだよくわからず、ついて行っているのが捕食者であることも知りません。ライオンを恐れたりもせず、そのお乳を飲もうとさえしていました。

しかし、育ち盛りのレイヨウ類は、生後数か月は、脂肪分たっぷりの濃いミルクが必要です。そんなもの、ライオンが与えられるわけがありません。ですから、オリックスは飢え始めていました。また、ライオンだって、食べるための狩りをする時間などありませんから、飢え、日ごとにやせ細っていきました。2ひきを観察している間、サバは世界中のライオンの権威に電話でわけをたずねました。でも、みんな、首をひねりました。そんなことは、自然界で起こったことがないと言うのです。若いライオンは、食べる前に草食獣と戯れることはありますが、それって遊びじゃないしと彼らは言いました。

「カムニャックとオリックスの子は、生きている“逆説”と言ってもいいくらい、自然の法則を否定するものでした」

と、サバは言いました。

現地の人たちは、2ひきを救いたいと思いました。この奇跡にみちた2ひきの関係を永らえさせるために、食事を与えようとしたのです。ライオンに肉を与えましたが、見向きもせずに、眠ってしまいました。でも、その関係は、間もなく終わります。ある暑い日のこと、カムニャックは、息も絶え絶えに腹這いになっていました。突然、オリックスが視界から消えました。と、1ぴきのオスのライオンが跳びかかり、オリックスをくわえて運び去っているではありませんか。カムニャックは、はね起き、追っていきますが、どうすることもできません。彼女は力なく横たわり、オスが“わが子”をむさぼり食う姿を遠くから見るだけでした。

次の日、幻想の世界から甦ったかのように、カムニャックは狩りをし、イボイノシシを腹に詰めこみ、力を取り戻していきました。しかし、その後も彼女は普通のライオンみたいに生きることはできませんでした。ごく短い期間だけですが、カムニャックは、数ひきの赤ん坊オリックスをわが子として受け入れました。そして、いつしかいなくなり、謎だけが残りました。

この世にもまれなシナリオの奥にあるものは何でしょう。サバは、カムニャックが、その成長における非常に大切な時期、群れに属していなかったせいではないかと言います。

「その時、彼女が受けたトラウマがこのような奇癖を生んだのではないでしょうか」

それが何であれ、動物行動学者たちにとっては永遠の謎だし、私たちには美しいミステリーであるのです。

ベイサオリックス

サバンナに生息するウシ科の草食獣。成獣は鋭く長い角を持ち、その長さは1メートルにもなります。

21

サルとハト

The Macaque
and the Dove

中国の南部、広東《カントン》省は珠江《ジュコウ》の入江に、アカゲザルが君臨している島があります。数百のサルたちが、センザンコウやニシキヘビと共に、法的に保護されています。内伶仃《ネイリンティン》島にある福田国立保護区がそれで、マングローブの森があり、広さは200万坪あります。その島は、自然公園があることで知られていますが、1513年に初めてヨーロッパの船がやってきた所としても有名です。そして、そこに棲むアカゲザルの1ぴきが、思いも寄らず羽が生えた友だちと仲よくなったのです。

山が多い島の保護施設の長であるルオ・ハンによると、2007年9月のある日、1羽の白いハトが施設の近くの地面に降りてじっとしていました。連れあいをなくしたようでもありました。白いハトは、平和と長寿のシンボルでもあります。ルオとスタッフたちは大喜びしてハトを迎えました。ハトは3歳ぐらいに見えました。彼らはトウモロコシを与え、研究所のケージに収容しました。ハトの足には、金属のバンドが巻かれていました。ルオは、鳥の移動を研究する人たちが取り付けたものだと思いました。そのような鳥は季節の変わりめに放されるのです。

ある日、島をパトロールしていたスタッフの１人が、サルの赤ちゃんに出会いました。１ぴきだけで、すっかり弱り果てていました。生後３か月に満たず、森の中で生きていくには若すぎます。ニシキヘビや他の肉食獣にすぐやられてしまうに違いありません。赤ん坊は、目がくるりんとし、べったり抱きついてきました。そのスタッフは、研究所に連れ帰り、すぐにハトのケージに入れたのです。

ギンバト

ジュズカケバトの白変種。手品などでシルクハットから出てくるのは、この種。ペットとしても多く飼われています。

２か月の間、サルとハトは一緒にされ、スタッフや観客はそれを喜びました。２ひきともトウモロコシを食べます。サルは、その小さな掌にトウモロコシを乗せ、もぐもぐします。ハトは、彼の後ろにいて、落ちてくるものを拾います。サルはキャッキャとなき、ハトは、クークー答えました。夜になると、一緒に眠ります。お互い、枕にしたり、毛布にしたり、です。

ルオ・ハンは言います。

「サルはときどき、茶目っけたっぷり、ハトをからかったりしました。でも、見ていてそこに愛情があるのがわかりました。ハトがサルを抱きかえす手を持っていないのが残念でしたね」

２ひきの交流は、楽しいものでした。そして中国全土から、この奇妙なカップルの暮らしぶりを見に、多くの人がやってきました。

しかし、スタッフは、野生状態では、２ひきは離れた方がいいと思いました。それで、2ひきを離すことにしました。ハトが最初に放され、飛び去りました。そしてルオは、サルを放すために、サルが最初に発見された所に戻りました。すると嬉しいことにそこには仲間の群れがいたのです。赤ちゃんは、群れに、ぴょんと戻ってしまいました。鳥もサルも、元のさやに収まりました。でも、どうでしょうね、もし将来行き会ったとしたら、お互いを認め合うでしょうか。

アカゲザル

中国から西アジアにかけて広く分布しているサル。人間の医学と科学に大きく貢献。血液型の Rh という文字はアカゲザルの英名 Rhesus Macaque の頭文字にちなんでいます。

22

カニクイザルと子猫

The Macaque
and the Kitten

インドネシアのバリ島。ウブドゥの街には聖なる森があります。そこでは数百年前に建てられた石づくりのヒンドゥ寺院の中を、サルたちが気ままに歩きまわっています。その霊長類はカニクイザルといって、村人たちは、そのサルが悪霊から聖域を守っていると信じています。

最近、あるサルが、ちょっとかわいいものを悪霊の手から守ろうとしました。それは、迷いこんできたやんちゃな子猫でした。

ウブドゥでは比較的狭い地域に、300ぴきぐらいのサルたちが、4つのグループに分かれて棲んでいます。ですから、寺の敷地に入りこむ他の動物と出会ったとしても不思議ではありません。

ですが、人びとは、あるサルが、特定の子猫に執着するなんて、見たこともありませんでした。アン・ヤングは、休暇の折、聖なる森を訪れ、その光景を目撃しました。

「何日も、2ひきはずっと一緒でした。その間、公園のスタッフたちが、

カニクイザル

東南アジアに広く分布するオナガザル科のサル。20～50頭ぐらいの群れを作って、社会生活を営んでいます。

何回も猫を保護しようとしました。だけど、その度に、サルは森の中へと逃げ込みました」

と、アンは言いました。

サルは、若いオスでしたが、子猫をなでさすり、抱きしめました。そして、まるで枕でもあるかのように、子猫の上に頭を乗せるのでした。

カニクイザルはきわめて社交的で、よく人になれ親しんでいますが、この若いオスは、子猫を自分だけのものにしたがりました。彼はまわりのものすべてを警戒し、サルや人が子猫に近づこうものなら、隠そうとするし、一度などは木の葉をかぶせたこともあります。木の梢高く登ったり、子猫を抱えて森の奥へと逃げ込んだりもしました。

その間、子猫も逃げるチャンスはいくらでもありました。

「でも、そんなことはしないのよ」

と、アンは言いました。猫の方も、サルに抱かれ、運びまわられることに、すっかり満足しているみたいでした。

カニクイザルの仲間には、厳格なヒエラルキー（序列）があり、メスに対して自分の力を示さねばなりません。この群れも例外ではありませんでした。そして、このオスは、いわゆる“カリスマ”でもありませんし、リーダーでもありません。そして、他のサルたちから注目される存在でもありませんでした。また彼は、人からもあまり好かれてはいませんでした。というのは、ウブドゥのサルたちは、森という境界を越え、稲を荒らしたり、家を襲ったりして、厄介ものになりつつあったからです。

迷い子の子猫は、誰かと仲よしになりたかったに違いありません。このホームレスの子猫と、孤独なサルとが出逢ったのは幸運でしたし、このウブドゥの寺で、お互いに必要とするものを見つけたのだといえるでしょう。

23

メス馬と子ジカ

The Mare and
the Fawn

　モルガン種の馬ボニーが、モンタナにある牧場で、ムース一家と暮らし始めたのは、生後10か月経ったばかりの頃でした。ボニーは、全員にかわいがられました。特に12歳の少女デニスとは、すぐに大の仲よしになりました。そして6年の間、まるできょうだいのように、幸せに暮したのでした。

　ところが、デニスが18歳になった雪の朝、彼女は交通事故で亡くなってしまったのです。両親を悲しみのどん底に突き落として。

「デニスの親友、そして家族の一員として、ボニーは彼女の生き形見になったのだ」

　父のボブ・ムースはそう言います。

　馬は、成長するに従い、ますますやさしく、おっとりしてきました。

　ボブは、こう言いました。

「これまで知っている馬の中で、一番人なつっこいね。あと一歩、何かきっ

オジロジカ

北米に生息する最も小型なシカ。危険を察知すると、尾の裏側にある白い部分を見せて仲間に知らせることからこの名がつきました。

かけがあれば、家の中にだって入ってくると思うよ」

ですから、ある春の日、ボニーがとった行動は、信じられないことでしたけれど、びっくり仰天、というほどではありませんでした。

ムース牧場の片隅に、コヨーテが巣を営んでいました。そして、その年、1ぴきの子どもを育てました。まわりにはリスがたくさんいたので、食べものにこと欠くことはありませんでした。6月の最初の週、台所の窓からたまたま外を見ていて、ボブは、裏庭で野生のオジロジカが子どもを産んでいる所を目撃しました。

コヨーテたちもまた、すぐに気がつきました。そして、懸命に母親から子ジカを引き離そうとしました。

「1ぴきのコヨーテが、母ジカの気をそらそうとし、追います。気が動転した子ジカは母ジカの後ろをぐるぐるまわります。私はたまらず、そこに割って入ろうと外に飛び出しました」

と、のちにボブは書いています。

でも、彼が何1つできないうちに、ボニーが駆けこんできました。そして、コヨーテと子ジカの間に立ち、子ジカを守ろうとしました。ボニーは、子ジカを腹の下に入れたのです。ボブは、ほっとしました。コヨーテたちはあきらめ、退散しました。

「ボニーは、コヨーテを全然追いかけませんでした。彼らは、もう襲ってこない、そう思ったの

クォーターホース（モルガン種）

家畜・乗馬・競馬用に品種改良された、世界で最も数の多い馬。

です」

　危険が去ると、ボニーは子ジカにやさしく語りかけ、まるで自分が子を産んだ時のように、身をかがめ、立たせようとし、なめたりしました。

「実際、子ジカは、ボニーから乳を飲もうさえしたのですよ。でも、背が高すぎて、乳房に届かず、いらいらしているみたいでしたが」と、ボブ。

　2ひきは、20分ほど一緒でした。母ジカは、出産の疲労で、息づかいが荒く、数メートルほど離れた所から眺めていました。そして回復し、立てるようになった母ジカは、木柵の方に近づき、子どもを呼びました。母ジカは柵を跳び越えて、子ジカは下をくぐり抜け、森の中へと消えていきました。

　ボブは言いました。

「ボニーは、柵から首を乗り出して、じっと眺め、ないていました」

　ボブは、ボニーのやさしさやあわれみ深い行動に元気づけられました。そしてまた、そのボニーの行いを見て、家族は大そう喜びましたし、亡くなった娘さんを偲ぶ、よすがになったのです。

24

カピバラとリスザル

The Capybaras and
the Monkeys

上でぴょん、下でもぴょん。身の軽いリスザルが、木から木へととび移ります。南米の最大のげっ歯類（ま、言ってみれば、特大のモルモットです）であるカピバラたちが、その下の草むらや浅瀬を歩きまわっています。世界中のあちこちの動物園で、この２種の動物がうまくやっていけることが知られています。

南アメリカの原始境、川のほとりにあるよく繁った森、もともとそんな所に彼らは棲んでいます。ですから、自然の中でお互いが顔をつきあわせることは不思議ではなく、相性の良さはそんなところに由来するのかもしれません。

まあ、普通、動物園では区分けがされていますから、ナワバリ争いは起こりようもありません。お互いにいる場所が違っていますから。でも、ここに、とっても不思議なケースが報告されています。

アマゾン河流域を旅した人で、リスザルがカピバラに乗ったり、後を追

リスザル

リスぐらいの大きさの小型のサル。遊び好きで、好奇心が強く、人にもよく慣れるので、ペットとして人気があります。

い足をつかんだりした発見報告をした人はいません。ところが日本の東京近郊にある東武動物公園で、まさにそのような光景が毎日、あたりまえのように見られるのです。リスザルは、木に登る際、カピバラを踏み台にしたり、その背中で昼寝をしたり、カピバラの大きな頭にキスしたり。

飼育主任のシモ・ヤスヒロ氏は、こう言いました。

「ときどきリスザルは、カピバラの口の中をのぞきこんだりします。何を食べてるんだい、と言っているかのようです。カピバラはおとなしい動物で、たいていの場合、知らぬふりをしています。でも、リスザルは活動的で、遊び好きです。ですから、まれにですが、カピバラの方がうるさがって、リスザルを振り払おうとします」

彼らの行動は似ても似つかぬものです。リスザルは時には、木から木へ２メートル以上跳んだりして、すばしっこくて大暴れが好きです。一方、カピバラは、のんびり、ゆっくりしています。しかし、仲よくなる約束事を持っているかのようです。両者ともに、100 以上の個体が集まることがある動物です。また、両方とも果物が好きです（リスザルは、昆虫も食べますけども）。そして、共におしゃべりです。リスザルは、仲間や子どもに、チチチとなきかけます。危険が迫ると、叫んだりもします。

カピバラ

現生する最大のネズミの仲間。性格は非常に穏やかで、リスザル同様、ペットとしても人気。名前の由来は南アメリカの現地の言葉で“草原の主”から。

そしてカピバラは、状況に応じて喉をならし、吠え、叫び、うなりもします。

　似ている点もあるのですが、この２種の動物がいつでもうまくいくとは限らないのです。他の動物園では、事故がありました。何年か前ですが、リスザルがカピバラをびっくりさせました。すると、カピバラは、不幸にも、サルの首を噛んで死に至らしめたのです。でも、飼育係の人は、一度だけの事故だと思っています。後にも先にも、カピバラがリスザルを襲うことはないからです。たいていうまくいくようです。

　そして、東武動物公園では、サルとカピバラのコーナーは、大人気です。

　飼育員さんは言います。

「のんびりカピバラと、いたずら坊主のリスザルとのやりとりを見ていると、笑わざるを得ません。お客さんは、リスザルを上に乗せた“カピバラタクシー”が大のお気に入りなんです」

25

ムフロンとエランド

The Mouflon
and the Eland

よほどの有蹄類《ゆうているい》オタクでもなければ（そんな人って、めったにいませんけど）、ムフロンと言われても、わかる人はいないと思います。何だか、髪型の名前みたいですね。じゃあ、エランドは？　どなたか、おわかりになりますか。

ムフロンと言うのは、世界最小の、ツノを持つヒツジの仲間です。もともとイランやイラクの勾配が激しい山地に隠れ棲んでいましたが、大昔、彼らは人間によって地中海の島に移住させられ、ヨーロッパにも放され、最近では、アメリカの狩猟牧場にも持ちこまれています。

エランドと言えば、アフリカの草原に棲む動物です。数百と群れる草食獣ですが、野生下では、お互いに密接なつながりを作るというわけでもないし、1つの群れから他の群れへと渡り歩くこともしばしばです。

しかし、フロリダにあるパームビーチの中のライオンカントリーサファリパークはその例外。15 年前、オスのムフロンとメスのエランドが出会った

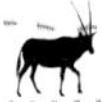

エランド

アンテロープ（ウシ科の草食獣）の中で最大の種。ジャンプ力に優れ、1メートル以上の柵を軽々と跳び越えることができます。

時のことでした。2ひきが、しっかり結びついてしまったのです。

それは、よくある思春期の少年と少女の恋物語みたいでしたよ、と園の野生動物主任であるテリー・ウォルフは言いました。

「野生動物がですよ、単に発情するだけではなく、その中に愛があるとしたらですけど」

そのムフロンは、若い折には、群れの中にたくさん相手がいる、蹄を持ったカサノバ《女ったらし》でした。しかし、エランドの群れに移されて、この哀しいムフロンは、一体、何をしたらいいというのでしょう。

テリーは、こう続けました。

「彼は、このメスを情熱的に追いかけました。彼女が立ちどまって草を食べ始めると、彼は前足で、彼女の後ろ足をやさしくなでました。座れと言ってるようでしたよ。つまり、彼は彼女より背が低いですからね」

エランドが座ると、その隣に静かに鎮座し、すっかり紳士の役をこなしていました。

彼がつきまとったのは、たった1頭のエランドのメスでした。他のメスには見向きもしなかったのです。

「人びとは、この恋をカッコいいなと思っていました。でも、みのりがない恋なのです」

と、テリーは言いました。

そして、ムフロンは、すでに寿命とされている20年を超えていましたから、以前のように、ガールフレ

ムフロン

おもに地中海の沿岸地域に分布するウシ科の草食獣。現在家畜として飼育されているヒツジの祖先なのではないかと考えられています。

ンドに対して、せっせと務めを果たすこともありませんでした。

エランドにしてみれば、あちこち行って反芻《はんすう》をしたり、自分に釣り合うエランドのオスの所に行ったりすることもできました。でも、彼のそばにいるだけで満足してるようでした。

テリーは、こう結論づけました。

「ムフロンは、エランドが一緒にいてくれるだけで幸せみたいでした。そして、われわれにとって、大助かりだったのは、彼女がいることで老ムフロンが運動することでした。ですから、彼はまだ元気でいられるんですよ」

26

近視のシカとプードル

The Nearsighted Deer
and the Poodle

次にはディリーという名の、コーヒーを飲み、ベッドを独り占めする“家庭ジカ”のお話。ところは、オハイオの郊外。獣医のメラニー・ブテラの家にやってきた、ちょっと大きめのハウスペット。

その子は、農場生まれでした。そして、フールトンのエルムリッジ動物病院に運ばれてきた時には、とても小さく、食べることのできない乳飲み子でした。また、生まれつき、ほとんど目が見えていませんでした。メラニーは、自分の家でその子の面倒をみようと決心しました。動物がいっぱいの家です。夫と２人の子ども。プードルのレディ。猫のスパッツとネフィー。鳥のスクリーミー。

唯一、鳥のスクリーミーとの出会いだけはうまくいきませんでした。シカのディリーは、鳥の尾をくわえて放り投げたのです。でも、誰もが、ディリーを好きになりました。猫たちは、温かさを求めて、シカにくっついて寝ました。そして、頭から尾まで、なめられて幸せそうでした。だけど、最高の親友は何といっても、プードルのレディでした。

メラニーは、こう言います。

「ディリーがやってきた当初、彼女にとってレディは心強い存在でした。レディは、ベランダでもベッドでも、おびえているディリーのそばにいてやり、頭や背中をなめてやりました。そして、次にはシカがレディをなめます。時には、耳をしゃぶりました。そんな時レディは、くすぐったがって、軽くうなり、やわらかく噛むこともありました。でも、絶対傷つけませんでした。

また、ゲームとして、ディリーのぬいぐるみを取り上げ、誇らしげに持ちまわり、それを彼女の通り道に置いたりしました。案の定、ディリーがそれにつまずいたりしましてね」

犬とシカがコンビで行ういたずらのことも報告しておきましょう。目が悪いディリーでしたが、レディの命令で、高い棚からスナックの袋を引っ張り下ろし、食べちゃったこともあるそうです。

レディはまた、ディリーの食事を盗もうともします。ちょっと豪華な食事。

スパゲティにアイスクリーム、ミルクたっぷりのコーヒー。そして、特別なおまけとしてのバラ（レディは、それだって、まるでキャンディのように噛み砕きます）。

　もちろん、ディリーはシカですから、ブテラ家の庭にあるあらゆる植物を噛み千切ります。そんな時レディは、その近くでぶらぶらしています。

　メラニーは、ディリーとレディが飼主のベッドで眠ろうとした時のことを話してくれました。

「私は、フクロウのように夜更かしなんです。で、誰もが寝静まってからベッドに行ってみると、みんな、ちゃっかり場所とりをしていて、どこに寝たらいいのか、寝るスペースがまったくなくなってることだってありましたよ」

　メラニーはまた、寝ている時にシカのひづめが背中に喰いこむのにも困っていました。幸いに、これは動物の方で解決してくれました。

　ベッドの中がぎゅうぎゅうになると、レディは、エクストラベッドに移りました。するとディリーは、つられるようにして、客間へ移ってくれたのです。そして現在レディは、客間でシカと一緒に寝ています。

「面白いことに、ディリーは、他の犬を恐れるのです。レディ以外はダメなんですよ。どんな小さな犬でも、近づくと、尾をぱっと咲かせ、前足で地面を叩くストンピングをします。メラニーは、ずっとレディと一緒に育ったので、レディをシカの仲間だと思ってるんでしょうね」

プードル

巻き毛が特徴的な、もっとも知られている愛玩犬のひとつ。非常に賢く、しつけもしやすい。

27

オランウータンと子猫

The Orangutan
and the Kitten

ココ(63ページ)は、マスコミの注目を浴びました。しかし、猫に興味を持ったのは、有名なゴリラだけではありません。

たとえば、オランウータンのトンダです。

彼女は、フロリダにある動物園に11年間も住んでいました。トンダは、特別やさしいオランウータンではありませんでした。たまには仲間と手をとり合ったり、こっそりグルーミングしたりしていましたけれど、彼女と連れ合いは、大の仲よしではありませんでした。ところが、そのオスが死ぬと、彼女は失ったものの大きさに気づいたようで、次第に食欲をなくし、生きていく元気がそがれてきたのです。園のスタッフは、トンダに元気になってもらおうと、おもちゃから絵を描くカンバスまでさまざまなものを与えてみました。しかし、いっこうに効き目がありません。何がいいだろうとあれこれ悩んだ末、スタッフは、何か種が違う生きものを与えてみてはどうだろうかと思いついたのでした。

オランウータン

インドネシア、マレーシアに棲む世界最大の樹上動物。チンパンジーと同じく高い知能を持つことでも知られています。

そうして、T．K、あるいはトンダの子猫ちゃんとして知られるようになった虎毛の猫がやってきました。

園の教育員であるステファニー・ウィラードは思い出を語ってくれました。

「最初は、おそるおそる。体の接触はさせず、どういう反応を示すかを観察しました」

やがて、接触はさせたのですが、トンダが興奮しすぎないようにと、短い時間に限ってのことでした。でも、日が経つにつれ、子猫を取り上げると、トンダは激怒するようになりました。

私たち、とウィラードは言いました。

「ついに腹をきめたのです。そして、一緒にしちゃいました。そして、ついにふたりは離れられない関係になってしまいました」

T．Kは、トンダのすべてになりました。彼らがくっついていない時には、常にT．Kに目をやっていました。彼女はまた、昼寝の際には、T．Kを毛布でくるんでやりました。そして夜、彼女は猫をそっとすくい上げ、ベッドへ運ぶのでした。

T．Kは、トンダの足に体をこすりつけ、手や足をなめ、軽く噛んだりし、トンダの限りない愛情を楽しんでいました。

「とはいえ、あなた方は、このオランウー

タンが従順で扱いやすい動物ではないことを忘れてはいけません」

と、ウィラードは言います。

オランウータンは、時に、非常に危険です。そして、トンダも例外ではありませんでした。しかし、どういうわけか、人や他の動物に対する彼女の粗暴な性質は、T．Kと一緒の時だけは影をひそめました。

「彼らのやさしさは百パーセント本物で、それによって関係はうまくいってました。動物というのは、相手を頭から信じこむことはないのです。でも、この２ひきの間の感情は、サムシング――素敵な何か、でした。それはトンダに対して、肉体的にも精神的にも、プラスに働きました。T．Kはトンダの命の恩人なのかもしれません」

28

オランウータンとトラの赤ちゃん

The Orangutan Babies
and the Tiger Cubs

インドネシア。チサルアにあるタマン・サファリ動物園でも、異種動物の結びつきが報告されています。

スマトラトラの生後１か月ぐらいの双子。それより、ちょっと年上のオランウータンの赤ちゃん２ひきが、動物園の育児室で一緒になりました。園のスタッフたちは、サルとトラの両親が、子どもの世話に不向きで育児熱心でもないことを目にして、その４ひきを一緒にしてみようと思いたちました。

オランウータンは、ニアとイルマ。

トラはデマとマニス。

彼らが一緒にされると、育児室は、“おかあさんといっしょ”状態になりました。飼育係であるシャラミー・プラスティティはこう言いました。

「赤ん坊はみな同じですけど、彼らは走りまわり、一緒に遊びました。オランウータンがトラのお腹にドスンと乗ることもあれば、トラがオランウータンの耳をかじったりすることもありました。彼らはお互いにちょっかいを出し合い、このあたりは人の子どもたちと同じですね」

そのしっちゃかめっちゃかの状態は、昼寝の時間になると、ひと山の毛のかたまりになりました。抱き合い、愛撫し合い、２種の動物たちは、できるだけ体を密着させ、すっかり満足していました。

動物園のスタッフは、彼らが成長するにつれ、観客に見せるために、離れて過ごす時間を多くするようにしました。そして、トラが生後５か月に達すると、完全に仲間の所へ引き離しました。

シャラミーは言いました。

「その時点で、トラはオランウータンよりずっと大きく、活発で、時に乱暴で、粗っぽくなることもありました。

別れさせられた当初、彼らはそれをよく思っていませんでした。みな、何か大切なものをなくした感じでした。そして、涙を流さず泣くような、聞き慣れない声を出しました」

でも、１週間かそこらで、自分たちの仲間がいればいいやという感じになり、置かれた状態になれました。この判断は適切な処置でしたし、彼らの安全のためにも大切なことでした。オランウータンは果物食ですし、トラの自然の本能はもちろん、狩りをし、肉を食べることです。保育期間は終わったのです。

一緒にいた期間は、それは楽しいものでした。でも、この２種の動物

スマトラトラ

インドネシアのスマトラ島に棲む、世界最小のトラ。縞模様が他の種のトラよりも多いのが特徴です。

は、特別な問題を抱えていました。スマトラトラは、インドネシアのある1つの島だけにいますが、全体で500ぐらいしか残っていません。そしてまたオランウータンの数も減ってきています。トラとサルは、棲む場所をめぐって人と争っています。保護に向かっての問題は、複雑なのです。

29

フクロウとスパニエル

The Owl and
the Spaniel

コーンウォールにある猛禽《もうきん》類センターにいるスパニエルドッグのソフィは、フクロウが大好き。噛みつかず、なめてあげるのです。そして、フクロウとは、お互いに口と口を合わせキスします。

イングリッシュ・スパニエルは、天性のハンターです。そして、跳び出し、鳥をくわえて戻るのは彼らの特技でもあります。でも、ソフィという犬は、そのような本能をもっとやさしくて明るいものに置き換えたみたいでした。

そのセンターを経営するシャロン・バンドンは、通常、家に鳥を持ち帰ることはありませんでした。事実、ブランブルがやってくる日まで、ソフィは、フクロウを間近で見たこともありませんでした。ひなはまだ孵《う》化《か》して２週間で、羽毛も生えておらず、仲間と一緒にするには若すぎました。それで、シャロンは特例とし、ひなを自宅に持ち帰りました。

シャロンは言います。

「まさに最初の日、ソフィはソファに跳び乗り、私のひざにいるフクロウ

アメリカワシミミズク

南アメリカから北極まで広く分布しているフクロウの仲間。夜行性で、昆虫から魚、ヘビ、小鳥に至るまで多くの種類の獲物を捕食します。

をじーっと見つめました。そしておもむろに愛情のしるしとして、ブランブルのくちばしをなめたのです。以来、それは２ひきの儀式になりました」

ブランブルは居間に、かわいい巣をこさえてもらっていました。でもソフィがいると、巣から跳び出て、ぱたぱたと踊りまわり、次には、なめたり、くっつき合ったりするのでした。

「ソフィがいないと、ブランブルは探しまわりました。で、見つかると口あわせ。ソフィがキスをすると、お返しにブランブルがくちばしをくっつけるのよね」

夕刻、鳥と犬は、じゅうたんの上で、くっついて眠りました。

「私たちがベッドに入って、その後ですよ、ブランブルが自分の巣に戻るのは」

ブランブルが成長し、外でやっていけるようになると、飛びまわれるようにと、禽舎《きんしゃ》に放されました。しかし、とシャロンは笑います。フクロウは、事あるごとにソフィの元へと舞い戻りました。そして、いつもの儀式をとり行い、同じ時を過ごすのでした。

イングリッシュ・スプリンガー・スパニエル

もともとは、水辺で鳥を追いたてる“フラッシング”で重用された猟犬。現在はそのやさしくて人懐っこい性格でペットとしても人気があります。

30

子フクロウとグレイハウンド

The Owlet and
the Greyhound

何という不思議なシナリオでしょう。

このお話は、ソファに犬が横たわっている、ごく普通の光景から始まります。でも、よく見ると、1羽のフクロウが犬の前足の間にいます。おお、そして、2ひきともにテレビを見ているのです。

犬はグレイハウンドで、名はトルキ。

その友だちはトラフズクのシュレック。イギリスは、ハンプシャーのニューフォレスト。リングウッドの猛禽類センターで生まれたひなです。

フクロウが孵化した折、トルキは興奮し、その新入りを嗅ごうとしました。

タカ匠の第一人者で、トルキの飼い主であるジョン・ピクトンはこう言いました。

「保育器からフクロウを取り出したら、トルキがでっかい鼻を押しつけて来てさ。あいさつをしてるみたいで、こっけいでしたよ」

グレイハウンド

長い足とすらりとした体を持つ、犬の中のスプリンター。ごく短い距離なら、動物界のスピード王チーターより足が速いと言われています。

　ある種の鳥は、他のひなが育つチャンスが増えるようにと、生まれたひなを殺すことがあります。そのような幼児殺しから守るために、そのひなは母親の元へは返されませんでした。

　ジョンは、ひなを家へと持ち帰りました。ひながしっかり立てるようになると、ジョンは、ひなとトルキを引き合わせました。

　まず、ジョンは、トルキが食べている部屋で、シュレックにネズミとウズラの肉を与えました。それから、トルキがよく見て、嗅げるようにと、シュレックを箱から出しました。トルキはフクロウをなめました。そして、フクロウは、やさしく犬の鼻を突つきました。

「彼らは、仲よくなりましたよ。お互い、喜び合っていました」

　ふらふらと近づいてくるトルキの背中に、それまでじっと立っていたシュレックがいきなり跳び乗るさまは、ちょっとコミカルなゲームのようでした。2ひきは、テラスで抱き合い、テレビの人気番組を夢中で観ていました。外に出ても、彼らは愛し合っている兄弟みたいでした。トルキは、まだ幼いシュレックの番犬役で、ひながよちよち歩くと、それについていきました。

　シュレックの足は次第に強くなり、やがて、動かせるものが足以外にもあると気づきました。そう、翼です。飛ぶことができるようになると、シュレックは、トルキがついていけないもう1つの世

トラフズク

日本をはじめ、世界に広く分布しているフクロウの仲間。体の模様が虎斑（とらふ）であるためにその名がつきました。

界を探索するようになりました。

　フクロウは、センターの他の鳥と一緒にされてから、トルキはいささか寂しげでした。でも、トルキが鳥のケージまわりを通り過ぎようとすると、いつでも中から、フクロウがホー、ホーと呼びかけます。ジョンは、2ひきはずっと仲よしですと教えてくれました。

31

パピヨンとリス

The papillon and
the Squirrel

フィネガンは、落っこちました。木の上にあるリスの巣、それも10メートル以上の高さから。でも、なんとか生きのびました。

落ちていく時、彼の運命はみじめなものになるかと思われましたが、1人の女性が木のねもとで彼を発見してくれてからは、運は逆転しました。彼女は、動物好きで心から世話をしてくれる女性に、そのリスを届けてくれたのです。

それが、デビー・カントロンです。

彼女は常に、傷ついたアライグマや捨てられた猫、迷っている動物などの世話をしてきました。

彼女は、そのちっちゃな毛玉みたいな生きものに、まず、名前をつけ、体を温めました。哺乳瓶でミルクをあげました。それから、空いている犬の檻に電気毛布を敷いて、そこにそっと子リスを置きました。

その時、パピヨンのマドモアゼル・ギセルは、子どもを身ごもっていま

パピヨン

蝶（フランス語でパピヨン）が羽を開いたような耳をしていることからその名がついた。エレガントな見た目でフランス貴族からも愛されました。

した。多分、母性本能がかきたてられていたのでしょうね。彼女は、飼主が持ち帰ってきた生きものに、たいそう興味を持ったのです。

デビーは思い出します。

「用事を済ませて、家に帰ってみると、檻の中は空っぽでした」

すぐにマディ（彼女は、ギセルをそう呼んでいました）のしわざとわかりました。マディは、子リスをくわえて、食堂から居間、そして寝室へと運んだのでした。

「彼女は、ちゃっかり、そこにいましたよ。まるで、リスをわが子のようにして」

その後、マディは出産しました。それによって、リスへの興味が薄らぐのではないかと思いましたが、逆に、マディはリスに執着するようになりました。それは、彼女が出産した次の日のことでした。デビーは、子リスを、マディの子どもたちと一緒にしました。

「マディったら、フィネガンの頭をなめちゃって。ちっちゃな頭を、ただただなめるの。さあ、これでもう、うちの子全部ねと、満足そうな表情をするのね。私、思うんだけど、母親ってつまり母親なのよね。その小さな子が、自分のものでなくったって、育児本能は働くのよ」

やがて子犬たちが、リスより大きく強くなると、デビーは、いずれは森に帰るフィネガンが早く野

トウブハイイロリス

北米産の大型のリス。ヨーロッパに持ち込まれ、在来のリスを駆逐するなど生態系に影響を及ぼしたため、日本では特定外来生物に指定されています。

生に慣れるようにと、外に出すようになりました。マディはリスの姿を目で追い、帰ってくるのを待ちました。日暮れ時、フィネガンは家に戻り、ドアを引っかいてしらせ、子犬の中へとびこんで、転げまわりました。

　デビーは思い出します。

「フィネガンは、外での冒険をみんなに話してあげてるみたいでした」

　やがて、フィネガンは、野生のリスの世界へと戻りました。

「彼が帰ってこなくなった時、マディも私も、それは悲しかったわ。でも、私たちの仕事はうまくいったのよね」

32

写真家とヒョウアザラシ

The Photographer
and the Leopard seal

動物を愛すると人の心はかき立てられる、とよく言われます。カナダ人の写真家、ポール・ニクレンは、ある野生獣との出会いによって、心がかき立てられるどころじゃなく、心が欣《きん》喜《き》雀《じゃく》躍《やく》する思いをしました。『ナショナル・ジオグラフィック』誌の仕事で、彼は潜水用具を揃え、南極へと出向きました。優美な、しかし時には危険なヒョウアザラシを撮影するためでした。ポールの目的は簡単です。ナワバリを守って暮らすこの巨大な獣を、攻撃されることなしに、できるだけたくさん撮影することでした。

このアザラシ1頭だけでも、その気になれば簡単に彼を殺せます。南極探検の過去の記録によりますと、この動物が人を脅したことが記されています。時には、彼らの後を追い、噛みつこうとしました。事実、2003年には、おそらく飢えていたからなのでしょうが、女性の科学者を襲い、溺れさせています。

そのような悪評を聞くにつけても、ポールの経験は、驚愕に値するものでした。3メートル以上もあるメスのアザラシが、侵入者であるポールになついたばかりではなく、養育行動すらとったのです。

まずアザラシは、ポールに会うと、口をぱっと開きました。お互いの身分をわきまえるようにという、彼女のあいさつでした。で、彼女の優位が確立されると、ポールを気に入ったようでした。アザラシは、手を伸ばせば届くような距離で、ポールにつきまといました。まるで、カメラに向かってポーズをとっているみたいでもありました。そして、最も驚くべきは、潜って獲ってきた死んだペンギンを、何度もポールにすすめたことです。まるで、彼女の子どもを養っているかのようでした。

ポールは思い出します。

「彼女は、ぼくを、病気だと思ったのでしょう。人間は、水の中じゃ、とってものろまですからね」

彼は、差し出される食事を断りました。と言うのも、彼は野生動物との過度の付き合いはよくないと思っていたからです。

「そしたらアザラシは、次に生きているペンギンを持ってきて、カメラの前に置いたんです。ペンギンが逃げると、また、捕まえてきました。ぼくのやる気のなさに腹を立て、泡を吹きかけてきました。で、ぼくの目の前で、ペンギンを食べたんですよ。こうやるのだと、子どもに教えてたんでしょうね」

アザラシのなめらかな美しさに、ポールは心を奪われました。身がすく

ヒョウアザラシ

大きいものでは3メートル以上になる最大級のアザラシ。高速で泳ぎ、水中のペンギンを捕まえて食べます。

むほどの力が、やさしさに変わったことも、息をのむ驚きでした。

　彼は言います。

「胸が躍りましたね。彼女に会うと、胸が張り裂ける気がしました。それは、今まで味わったことのない、すごい体験でした」

　取材は数日間にわたりました。ポールより大きさも力も、はるかに優っているアザラシは、彼の最高の友だちになりました。

　でも、別れの日はきます。

「離れたくなかったですよ。ぼくは、この世のものとは思えないような神秘的な体験を生涯忘れることはないでしょうね」

33

ピットブル、シャムネコ、そしてヒヨコたち

The Pit Bull, the Siamese Cat, andthe Chicks

ヒヨコたちが犬のシャーキーのお腹にもぐりこみます。綿のような小さなかたまりが、背中に乗ります。鼻っ面を突きます。そしてプールでは、彼をいかだ代わりにします。

またヒヨコたちは、シャムネコのマックスのことが妙にお気に入りで、マックスはよくヒヨコを従えていました。マックスとシャーキーは、最初会った時、マックスが1、2度、猫パンチをくらわせて以来、無二の親友になっていきました。

エストニアからテキサスへやってきたヘレン・ジュローにとっては、毎日が私設のサーカスみたいで、彼女はそれをとっても気に入ってました。

彼女は牧場出身で、子どもの頃から、牛やブタの世話をしたり、産みたての卵を集めたりして、動物に囲まれて暮らしていました。それで、アメリカ人の夫とテキサスに移ってからというもの、動物たちを家へと持ち帰るようになりました。

ニワトリ

世界各地で飼育されている代表的な家禽。一生で卵を産む期間は2年ほどで、その間に500～600個を産み落とします。


「まるで、実家に帰ったみたいでした」

と、彼女は言いました。

そして、動物たちの数がどんどん増えるにつれ、その関係が、すてきなお返しをくれたのです。

シャーキーは、1歳になる前から、父性愛を強く示す犬でした。そして、子犬に対してすでに心引かれていました。

ヘレンは言います。

「実の母親よりも、面倒を見たがるタイプでしたよ。わたしが“あなたの子どもはどこかしら？”などと言おうものなら、目がパッと輝き、すぐさま探しに行ったものよ。子犬に囲まれた時の彼ったら、まるで天国にでもいるみたいで」

そこにシャムネコのマックスや、ヒヨコが加わったというわけです。

「彼って、ヒヨコを見た時、目がこーんなに大きくなり、遊びたがったわ」

彼にとっては、毛が生えてるか、羽が生えてるか、そんなこと問題ではないみたいでした。

「小さくて、弱々しいもの、そのようなものを守りたいだけ。モルモット、ウサギ、ヒヨコ、ブタ——何だっていいの。ほっとけないのよね。そして、どの子にもキスをしまくっていたわ」

現在、ヘレンは、この奇想天外な関係を、写真を撮ったりビデオに収めたりして、世界中に発信しています。そういったシーンには、次のような

シャムネコ

タイ王国原産の猫。古くは王室や貴族の間だけで飼うことが許されていました。澄んだブルーの瞳と柔らかく滑らかな毛が特徴。

タイトルがつけられています。
“ヒヨコたち、犬の上に乗る”
“ヒヨコたち、犬をすべり台に”
“ヒヨコ、犬、猫、一緒くた”
“ヒヨコ、猫に乗る”
“猫、ヒヨコを寝かしつける”
“犬、猫と昼寝”
“犬とヒヨコ、プールの中で”
“お掃除ロボットに乗った猫、犬におふざけ”

疑いもなく、そんじょそこらで、いや世界中で、ヘレンみたいなペットの飼い方をする人って、いないでしょう。

動物たちも、パパラッチにねらわれていることなどお構いなしです。ただただゴーイングマイウェイ。特に、犬と猫の間の絆はますます強くなっていきました。ヘレンは言います。

「見てて、何度大笑いしたことでしょう。猫と犬が、まったく同じ格好でいるんですから。片方の足を投げ出し、片方を曲げて。お互い、からかっているみたい。ある時は、プールサイドで、背中合わせに寝そべり、まるで２人の友人たちみたいに空を見上げていましたよ」

アメリカンピットブルテリア

闘犬として育種されてきたため飼いにくいといわれていますが、小さい頃からきちんと訓練を施していれば、人間に対して強い信頼を抱く犬でもあります。

34

ミニブタとローデシアン・リッジバック

The Potbellied Piglet and the Rhodesian Ridgeback

ここに犬がいます。イノシシやヤマネコやクマ狩りをするくらいタフな犬です。ところが、しわくちゃで、お腹ぷっくりのミニブタを与えられると、ふにゃんとして母犬になってしまいます。

2009年の寒い夜のことでした。ドイツのヘルステルに住むローランド・アダムは、彼の2万坪ある敷地の中で、生後間もない子ブタを2ひき見つけました。野外にいたので、1ぴきはすでに死んでいました。もう片方は、芯から冷え、ひいひいなき、息も絶えだえでした。何年も前から、ベトナムミニブタのつがいが、無断で侵入してきて、風変わりなローランドの農場の住人になっていました。ですから、そのような贈りものにぶつかったのは、初めてではありませんでした。でも、この場合、もしそのままにしておけば、飢えと寒さで死ぬでしょうし、夜が明けるまでには、キツネにさらわれてしまうことでしょう。ローランドは、子ブタを拾い上げると、セーターの中に押しこんで、ローデシアン・リッジバックのカチンガがい

ポットベリーピッグ

別名ミニブタ。しつけると、リードにつないで散歩をできるくらい賢く、ペットとしても人気があります。

る家へと持ち帰ったのでした。

子ブタは、パウリンヘンと名づけられました。そしてローランドは、最近子犬を育てたばかりのカチンガに、その子ブタを与えました。それは、いい決断でした。カチンガは、子犬と同じように扱い、清潔にし、温めました。子ブタは、巣にいるかのように感じたことでしょう。また、ミルクをあげようともしましたけれど、それは無理でした。カチンガはすでにおっぱいが出なくなっていたのです。代わりにローランドと家族が、ミルクを与えました。

数日とたたず、犬と子ブタは、まるで親子みたいになりました。そんな時、ローランドは、敷地内でパウリンヘンの母親ときょうだいたちを見つけました。子ブタは皆、丸々としていました。

彼はカチンガに、これまで育ててくれてありがとうと礼を言い、子ブタを大家族の元へと返してやりました。先方はもちろん、全員、大歓迎。

子ブタとカチンガが一緒にいたのは、短い間でした。でも、それは、成長する上でいろんなことが決まっていく非常に重要な時期です。子ブタの生育ということから言えば、パウリンヘンはちょっとばかり変わった経験をしました。他の子ブタたちより、ずっと人なれしていますし、他の動物とも仲よくなることができました。ローランドは言います。

「あいつ、ぼくたちを覚えてるんだ。もちろんカチンガのこともね。たまに農場で出くわすんだけどさ、元気に走りまわっている子ブタたちに呼びかけると、パウリンヘンだけは立ちどまって、こっちを見るんだよ」

その後もカチンガとパウリンヘンはよく行きあったのですが、そんな時はお互いに鼻を嗅ぎあったりしていました。

ローランドは、カチンガのやさしい性格は、訓練のたまものだと言いますし（リッジバックという犬は、社会に適応させるため、結構トレーニングしないといけないのです）、環境がよかったのかもねとも言いました。

「見渡す限りほとんど森っていう平和な土地だからね。ハンターがこようものなら、うちは動物たちが身をよせる天国みたいな所でもあるから、いろんな動物を見なれていたんだと思うよ」

ローデシアン・リッジバック

南アフリカ原産の犬。背骨にそって逆毛が生えており、それが山の尾根のように見えるために、その名がつきました。

35

ウサギとモルモット

The Rabbit and
the Guinea Pig

かわいいだけじゃダメみたいです。イースターのウサギでさえ、捨てられてしまいます。それを拾って帰ったのが、ミズーリ州に住むシェリル・ロードスとその娘さんのローレンでした。そして、命を救われた２ひきのウサギは、特別な扱いを受けました。部屋中を歩きまわれたし、飼い主にかわいがられるし、一緒にいる動物たちとも自由に付き合うことができました。

ロードス一家は、ウサギの他に、ティミーとトミーという、２ひきのモルモットを飼っていました。トミーが亡くなると、シェリルはティミーをウサギたちと一緒にしてみようと思い立ちました。それで、ティミーをウサギの囲い――たて横３メートルぐらいで、トイレの箱があり、なかなかの設備がくっついていましたが――の中に入れたのです。３びきともに新鮮な野菜が大好きで、トイレのしつけもできていました。まずは、問題なし、そういう組み合わせでした。

モルモット

南米を原産地とするテンジクネズミの仲間。おとなしく、やさしい性格でペットとして人気。南米では現在も食用として飼われています。

シェリルは思い出します。

「ウサギの２ひきが仲よくすることはありませんでした。でも、モルモットのティミーが、ベイビーと呼ばれている片方のウサギにすり寄っていくと、私たち、目を見開きましたよ。２ひきは、反応したんです。何度も何度も、鼻をくっつけ合うし、体をこすりつけ合ったんです」

ベイビーが興奮してぴょんぴょん跳びまわっていると、ティミーはなき、彼女の後をついてまわりました。でも、彼らはたいてい、くっついて寝そべっているナマケモノでした。

人間が、毛づくろいなどをするためにティミーを部屋の外に連れ出すと、ベイビーは、とびあがり、鼻をひくひくさせてあたりを探しまわりました。

やがて、ウサギのために床から少し高くしたところにダンボールの箱をしつらえました。こうしておけば、ティミーがうるさい時、２ひきを離しておけるからです。でも、あっという間に、誰かが底に穴を開けてしましました。

「たぶんティミーですね。気がつくと底の穴からちゃっかり中に入っていましたよ。もし、ベイビーが、うるさいと感じたら、追い払えたと思います。でも、ティミーが入ってきても気にしない風でした」

ウサギ

日本の小学校などで飼われている白いウサギは日本で作られた固有種で、「ジャパニーズ・ホワイト」と呼ばれています。

36

ネズミと猫

The Rat and
the Cat

ネズミ。悪評ふんぷんですね。毛が生えていないぶきみな尻尾をぶら下げ、ゴミだらけの路地をうろちょろし、薄汚くて、病気を持ち運ぶ害獣だと。

そのようなイメージは、取り払ってください。ネズミは、こそこそ動きはしますが、身に覚えがない悪評とは裏腹に、実際は小さくかわいい哺乳動物なのです。都市ゴミのから顔をニュっと出す大きな茶色のネズミは、かわいいとは言い難いでしょうね。でも、やっと生き残っている連中だと思ってください。洗ってやれば、彼らだっていいペットになります。ネズミたちは、ま、他の動物みんなに言えることですけど、神経質です。そして、人と同じように、最近起こったことを夢に見る事実もしられています。

オハイオのマギー・ズポットが飼っているシロネズミのピーナッツは、生まれながらの天敵、猫と、仲むつまじくすることさえできるのです。

マギーのところにいる猫のランジは、もとはノラ猫でした。ですから

彼女は、ネズミを見せると、猫の狩猟本能が目ざめるものだと思いました。ところが、大違い！　ランジは、ネズミに対して、とっても興味を持ちました。ランジの好奇心の矛先はピーナッツとモカ、マギーがその日に家に持ちこんだ２ひきです。

マギーはこう言います。

「私、ネズミたちを持ち帰ってすぐに、リビングに放したの。そしたらランジは、ぴょんと跳んでネズミの所に行き、くんくん嗅ぎ始めたのね。攻

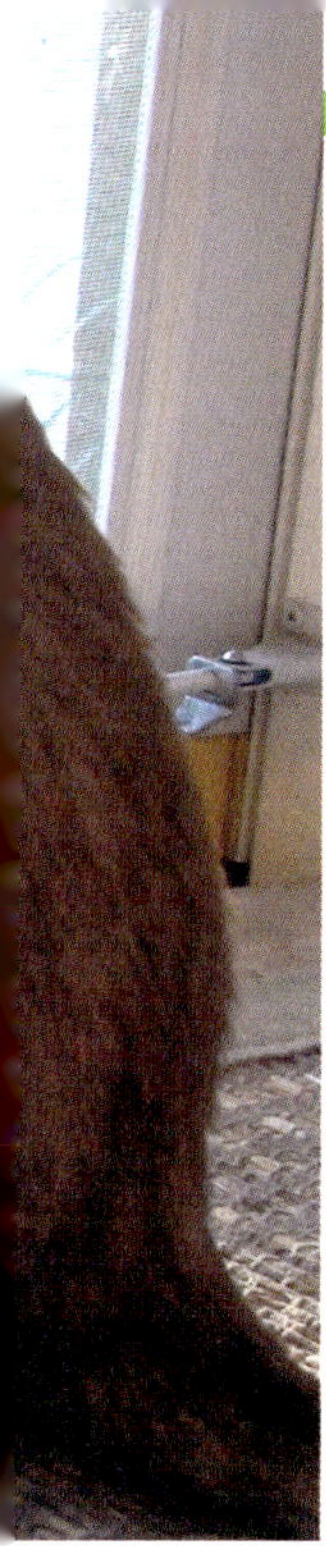

撃行動は一切なし！」

　特にピーナッツの方は、出会ってすぐにランジを好きになったみたいでした。

「どこにでもついていくのよ。ランジは背中に乗られるの好きみたい。だけど、たまにはわずらわしくなるんでしょうね。高い所にぴょんと跳び乗ったりするんだけど、ピーナッツはそこへよじ登っていくんです」

ラット

医学や生物学のモデル動物として、ドブネズミの品種改良から生まれた。体長も大きく、大人のオスで、尻尾も入れると50センチ近くになります。

　今も、ピーナッツはランジに寄り添うのが大好きで、ランジが座ると、後ろ足とお腹の隙間にもぐりこんでしまいます。ネズミは、猫がいるとほっとするみたいで、猫の温かさにくるまれて、気持ちよさそうに目を閉じています。

　ランジは、ときどきピーナッツをなめまくり、頭をこすりつけます。お返しとばかりに、ピーナッツはランジの顔をなめ、伸ばした体を、前足でかいてあげるのでした。

　モカは、ピーナッツほどではありませんでした。むしろ、ランジを追いかけて噛みついたりしていましたが、ご飯時には３びきは一緒でした。ランジの皿から２ひきのネズミが食べものを拝借することもありました。ネズミが並んで口をもぐもぐさせ、その上から猫が首を伸ばす光景は、それはそれはヘンな感じなんだそうです。

37

レッサーパンダと乳母犬

The Red Pandas and
the Mothering Mutt

とても、とても貴重です。この小さなレッサーパンダは。

かわいいということだけじゃありません。狩猟と環境破壊により、レッサーパンダは絶滅寸前に追いこまれ、法律によって守られているのです。ですから、この2ひきの子を救ったという1ぴきのワンちゃんの物語は、人の胸をうちました。

レッサーパンダは、あの白と黒のパンダとは、パンダという名前を分かち合うものの、分類学的にはさほど近くはありません。そして、犬ではなく、アライグマなどに種が近い動物です。ですが、あたかも近縁であるかのように、この2ひきは犬を母にしてしまいました。

レッサーパンダの母親は、中国北部の陝西《せんせい》省にある太原動物園から陝西動物園に移されました。毛が長くてふかふかしているせいでしょうか、飼育係は妊娠を見逃してしまいました。で、新しい飼育舎で早産してしまったのです。そして、環境が変わったストレスのせいでしょう、母親は育児

レッサーパンダ

元々パンダと呼ばれていたが、ジャイアントパンダが発見され、そちらが「パンダ」と呼ばれるようになると、「小さい」を意味する「lesser」がつき、現在の名称になりました。

放棄をしてしまいました。どうしたらよいかと、飼育係は悩みました。

飼育係のリー・ジン・バンは、生まれてからの数日間、母親役を務めました。彼は、2時間おきに、特別に調合したミルクを注射器につめて子どもに与えました。同時に、動物園は、現地のメディアを通して、代役を務められる動物を募集しました。なるべく小さな犬。最近、子どもを産んだもの。乳房が発達しているほどいいでしょうし、性格がおとなしければ言うことはありません(ミルクの成分は、犬とレッサーパンダではほとんど違いがありませんし、母乳なら、十分の栄養がとれますから、サプリメントを考えることもありません)。

幸いにも、報道を耳にした近くの農場から反応がありました。子犬を3びき産んで、まだ乳房がぱんぱんに張っている雑種を持ってきたのです。しかも、子犬を1ぴき連れていました。その方が母犬がうろたえないですむと考えたのです。

たちまち子どもたちは、乳を飲むことを覚えました。母犬が自分の子よりも先に、レッサーパンダの子に乳を与えたりすることもありました。でも、母犬は、乳を与えるだけではありませんでした。彼女は、自分の子と同じように、パンダの子どももすっかりきれいになめました。これは、体の機能を万全に保つのに、とても大切な作業なのです。レッサーパンダは、子どもを産むと、1日の90パーセントの時間を子どものケアに費やすのです。そうしているうちに、母子ともに、お互いのにおいを確認できるようになります。乳母代わりのこの犬も、常に子どもに対して気を配っていました。子どもは、まだ目が開いていませんし、なき声だってか細かったのですが、ミルクをぐいぐい飲み、健康で強い子に育っていきました。

しばらくの間、犬と子どもたちは、動物園で一緒でした。観客は、そのへんてこな組み合わせを見て、あらまあと驚きました。レッサーパンダの子が歩けるようになると、リーは、彼らを連れて何時間も散歩させました。

そうして、子どもは無事に育ち、パンダ舎に移されました。その時になっても母犬は舎のそばへ行き、中に入りたそうにしていました。飼育係たちは、成育後も、守ってやろうとする犬の母性本能の強さに感動しきりだったということです。

38

サイとイボイノシシ

The Rhinoceros
and the Warthog

サイ、イボイノシシ、ハイエナ。連れだって寝室に侵入……。

ジョーク記事の見出しでしょうか。いや、いや。本当なんです。ジンバブエ、イミレ保護区でのことです。この3種の動物たちは人間の一家と家族であり、友人でした。

始まりは、サイのタテンダです。長い間、ジュード・トラバースは家族と一緒に、クロサイの繁殖を手がけ、成功していました。それは、クロサイ保護プロジェクトの一環でもありました。サイは、極端に数が少なくなっている動物です。自然では、4000頭しか生息していなくて、1頭たりとも無駄にできない状態でした。

ある夜、恐ろしい悲劇が起こりました。密猟者がイミレの敷地に忍びこみ、サイをすべて惨殺してしまったのです。

サイのツノは、漢方薬として貴重ですし、装飾品を作る材料としても珍重されています。保護区のサイたちは、こんなこともあろうかと、手術によっ

イボイノシシ

アフリカのサバンナに棲む。体に似合わぬぐらいの大きな顔に、イボ状の突起を持つことからこの名前がつけられました。

てツノを除いてありましたが、そんなことはお構いなしの殺りくでした。

トラバースが駆けつけた時、サイは皆殺しにされた後で、3か月前に生まれた子、タテンダだけが、わずかばかりの寝わらにもぐりこんでおびえていました。彼は、両親から流れ出た血にまみれて、たいへんなショックを受けていました。

群れを失ったことは、打ちのめされる出来事でしたけれど、ジュードと家族たちは、悲しみや怒りを押し殺して、タテンダを元気づけることに心を砕きました。

イボイノシシのポッグルは、その事件の少し前にやってきていました。

「ポグちゃんったら、家にきた時、ピンク色の針刺しほどで、ちょうど、私の掌ぐらい。そしてね、先輩のサイの赤ちゃんをひと嗅ぎすると、これは友だち、仲よくせねばとわかったみたい」

と、ジュードは思い出します。

タイミングは、ベストでした。タテンダはポッグルの愛情にすがり（ま、ジュード・トラバースもかわいがりましたけれど）、惨劇で受けた心の傷から回復していきました。

やがて、10か月ほど後に、トラバースが救出したハイエナのツォチが加わりました。

ジュードは言います。

「ガラス玉みたいな目をして、彼って最初は小悪

クロサイ

サバンナに生息。1990年には100頭以下に落ち込んだ生息数も保護団体の努力で現在は4000頭近くまで回復。しかしそのツノを目的とした密漁者が後を絶ちません。

魔でしたよ。夜行性ですしね。穴の中に隠れてばっかり。穴って——バスケットに毛布をかけたものですけどね。打ち解けるのに、何か月かかかりました。ハイエナは、信頼関係を築くのに時間がかかるんです」

ジュードのていねいな飼育により、3びきはすくすく育ち、まるできょうだいのようでした。

たとえば、ある土曜日の朝。

3びきは、トラバースの寝室にいます。イボイノシシは、シーツの下。サイは、ジュウドのひざの上にあごを乗せ、手でかいてもらっています。ハイエナは、ベッドの下で丸くなっています。そして、この奇怪なトリオは、飼い主と一緒に、朝食の時間になるまでだらだらと過ごします。

やがて朝食。人さまのものですけど、3びきはテーブルのまわりでうろつき、ミルクをねだり、ごちそうや他のもののおすそ分けを欲しがるのでした。庭に出ると、この妙ちきりんな群れは、追いかけっこをしたり、組んずほぐれつの遊びをしました。たいてい、ツォチがポッグルの背中を軽くつかんだりしてきっかけを作りました。花を食べ、クワの木の下で寄り添って昼寝をしました。そして3びきは、連れだってブッシュの中へと散歩します。

ハイエナ

一般にライオンなどが狩った獲物の残りをあさるようなイメージを持たれているが、夜、2〜3頭でチームを組んでヌーなどの草食獣を仕留めるなど、サバンナの隠れたハンターです。

ときどき、ジュードやトラバース一家の誰かが一緒に行きました。行列の最後尾には、オレンジ色の飼い猫がついていきました。

　その散歩は、トラバースたちによる、タテンダとポッグルを８キロほど離れた所にあるイミレ保護区に放すための準備でした。２ひきともに、同じ種の仲間と、より自然な生活を送ることが必要でした。ハイエナのツォチは、性成熟までにはまだ間がありましたから、今しばらくトラバース一家にとどめることになりました。

　ジュードにとって、それは愛するものとの別れを意味しました。特にサイは、彼女の心を大きく占めていましたが、そうすることが正しい選択なんだということもわかっていました。

　彼女は言います。

「野生動物の孤児をミルクで育てて、人間の影響が出ると、それって悲劇なんです。

　究極の目的は、大自然に戻って、彼らの本能だけを頼りにして生きること――そうなんですけどね」

　サイとイボイノシシを保護区に移すことには成功しました。彼らは最初、２ひき連れだっていましたが、イノシシは“野生に返り”、３びきのちびちゃんを産みました。タテンダは、1000万坪以上の敷地の中で、他のかわいい女の子に大もてでした。もちろん、サイのメスですけどね。

　ツォチは、２ひきがイミレに移されてからも、しばらく家にとどまっていましたが、やがて草原に旅立ち、二度と姿を見せることはありませんでした。

39

ロットワイラーとオオカミの赤ちゃん

The Rottweiler
and the Wolf Pup

誰1人として、子どもの誕生を予期していませんでした。メーン州、デザート・マウンテンのキスマ保護区。スタッフたちは、オオカミのペアはまだ若く、妊娠の可能性などないと思っていたのです。でもしかし、母親を務め上げるにはあまりに若すぎるメスが、出産してしまいました。

保護区の主任、ヘザー・グリアソンはこう言いました。

「母オオカミは、子どもに対して攻撃的ではありませんでしたが、母性本能が欠如してました。出産して、何をしていいのか知らなかったのです」

スタッフたちは、仕事を家に持ち帰ることに慣れっこになっていました。ですからヘザーは、この小さな、まだ目が開いていない動物を、自分の家に持ち帰り、育てることにしました。

小さな荷物を抱えて、ヘザーが家に戻った時、ロットワイラーのウルロックが待ち構えていました。

彼女は言います。

オオカミ

犬はオオカミが家畜化されたものと考えられている。かつては体長2メートルにも達する巨大オオカミがいたことが化石で確認されています。

「ウルロックはオオカミの子に対して異常な興味を示しました。私は最初、彼は手荒に接するんじゃないかとヒヤヒヤしていました。なにしろ彼は、大きくて、まだ若かったので、赤ん坊を傷つけるんじゃないかと思ったのです。でも、そんなことは全然なかった。彼って、びっくりするほど母性的だったんです。

赤ん坊がなくと、彼女は、頭からお尻まで、なめてあげました。これって、母親がやることなんですけどね。でも、ちゃんとやるんです。もし、お乳が出れば、あげたでしょうね」

オオカミの子は、ロットワイラーがなすに任せ、その世話ぶりにすっかり満足していました。ウルロックは、すぐになめられる距離に赤ん坊がいないと満足しないようだったので、ヘザーは、2ひきのために寝床をこしらえてあげました。彼らは、その中でくっついて眠ります。たどたどしい動きの子オオカミは、大きな犬と遊ぼうとしました。そして、野生のオオカミの子が母親から餌をもらう時のように、口をなめ、舌を吸いました。

「子どもが興奮しすぎると、前足で押さえつけたりして静めるものですけど、ウルロックの辛抱強さは、目をみはるばかりでした」

ご飯の際、オオカミの子は、野生のオオカミのような振る舞いをしました。食べ物を前にすると、オオカミと犬とは非常に違った行動をとります。食べているものは犬と一緒ですが、オオカミは自分の食べているものを守ろうとするのです。唇をめくり上げ、うなり、目を大きく開き、前足をぐっと広げて立ちます。この子も、同じでした。そして、ウルロックは、それを認めてあげて、身を退いたのです。

「2キログラムちょっとのちびちゃんが、50キロ以上ある犬に、うなるんですよ。でも、ウルロックは、一歩退いて、先に食べさせました。誰もが、犬とオオカミはそんなに変わらないと思うでしょうが、それは違います。彼らは、遺伝的にまったく違う行動がプログラムされているんです」

その気質と行動が、犬とオオカミではまったく違うので、ヘザーは、なるべく早く、オオカミの子を仲間の所へ戻したいと思いました。そこで、

ロットワイラー

ドイツのロットワイル地方原産の犬。賢く、体も丈夫なので番犬や、牧羊犬として活躍しています。

しかるべき時がくると、オオカミの子は、保護区に何年も前からいた年老いたメスのオオカミ、モーティシアと一緒にされました。幸いにも、2ひきは、最初から気が合いました。

「幼い子がそばにきてくれたことは、老いたオオカミに命を吹き込みました。モーティシアは、すぐに食べものの吐き与えをするようになりましたし、新入りの子オオカミに、オオカミの行儀や行動を教えました」

オオカミの子が、自分が何であるかを学んだと確信したスタッフは、しばらくして、その子を別の群れに移しました。それほど余命が残されていないモーティシアの身を考えてのことです。

一方のウルロックは、その後も、トラの子、テナガザルの子、そして傷ついたヒョウモンガメまで、いろんな動物のケアをしました。

ヘザーは言います。

「彼は本当に、おだやかで、幸せでいることが好きな犬でしたよ。そのように生まれついていたのですね」

40

イルカと犬

The Dolphins
and the Salty Dog

イスラエル。紅海に面したエイラートの南には砂浜があり、ツーリストが押し寄せていますが、そこに毛むくじゃらの、常識を超えた行動をする犬がいます。

その犬の名は、ジョーカー。

2000年のある暖かい日、彼は誰でも名をよく知っている海の哺乳動物、イルカと会えるドルフィン・リーフという浜にやってきました。ジョーカーは、町中の、とある家庭で飼われていましたが、彼はリーフの桟橋でいきいきしていました。家にいるより、です。

最初、そこの管理人は、犬の訪問をあまり心よく思ってはいませんでした。自分がそこで飼っているネコやニワトリやクジャクを追いかけると思っていたからです。ジョーカーは、夜になるとねぐらに帰りはしますが、毎日浜に訪れ続けました。そして、他の動物を追いまわすなんてことはありませんでした。彼にとっては、他の動物は目に入らず、関心があるのはた

バンドウイルカ

世界中の海に分布しているイルカ。ハンドウイルカとも呼ばれる。非常に賢く、人間と協力して魚の追い込み漁をする例なども報告されています。

だ1つ、それはイルカでした。

ドルフィン・リーフには、8頭のバンドウイルカがいました。イルカたちはリーフと外海を自由に行き来し、あたり前のように人間から餌をもらっていましたが、それはイルカたちにとって、遊びのようなものでもありました。

そんなイルカたちの行動を、長い間、ジョーカーは興味深く眺めていました。彼は桟橋に座って、イルカたちが、集まり、なきかわし、しぶきを上げ、高速で泳ぐのを座って見ていましたが、ある日、イルカたちの給餌の時間、突然海に飛びこんだのです。

イルカたちは、犬を歓迎しました。それ以来、彼の泳ぎは定番になりました。スタッフたちは、イルカに餌をあげる時だけは、ジョーカーをつなぎました。やがて犬は、給餌の時以外は、いつでも海にジャンプインしてもいいのだと理解しました。そしてジョーカーは、イルカと言葉を交わすようになりました。

調教師の1人、タル・フィッシャーはこう言います。

「イルカたちが、からかったり、おいでと呼びかけると、ジョーカーは飛びこむようになりました」

ジョーカーはスターになりました。海に浸かってそのままなので、いつも潮の香りをぷんぷんさせているのですが、海の方へ向かう彼を見かけると、誰かしらが車に乗っけて、桟橋へと連

れてきてくれました。すると、遊び好きのイルカたちが、ウエルカムしました。

やがて、犬の飼い主は、ジョーカーが家にいるより、イルカといる方が幸せだとわかり、ドルフィン・リーフの管理人にゆずることにしました。その方が、いつでもイルカに会えるからです。現在、ジョーカーは桟橋の上で眠っています。つまり、目がさめると、下にイルカがいるわけです。で、彼は水に飛びこみ、陽気にさわぎます。

タルは言います。

「イルカたちは、犬のまわりを泳ぎ、尾で水をかけます。彼らはしきりに話しかけているんです」

犬がワン。イルカがキキキ。

それを翻訳するのは無理でしょうね。しかし、遊びを通じて、相通ずる何かを発見したのは確かなようですよ。

41

盲導猫と盲目の犬

The Seeing-Eye Cat
and the Blind Mutt

盲導犬。そして、目が不自由な人。暗闇の中に住む人と、それを導いていく犬。そのすてきな関係を聞くと、誰もが心うたれるでしょう。盲導犬は、目が不自由な人の役に立つよう、特別に訓練されます。そして、人との間には、種を超えて、特別な友情が育っていきます。

でも、盲導猫って聞いたことがありますか？　ここに、いい例があります。茶トラの猫、リビーです。彼女は、盲目のものを導くことを自分で覚えたのですが、人を助けたのではなく、何と犬を助けたのです。

リビーは、ノラ猫でした。1994 年、ペンシルベニアの北東部に住む、テリーとデブラ・バーンズに拾われました。家に持ち帰られた時には、野球のボールぐらいの大きさでした。その小さな猫は新しい環境にすぐ適応し、すでに前からいたラブラドールのカシューにもすぐに慣れました。2 ひきは一緒に育ち、つかず離れず、うまくやっていました。

しかし 12 歳頃、カシューは、目が不自由になりました。そして、次第に見えなくなっていくと、リビーは突然、生涯の友として、カシューの面倒をみるようになったのです。

リビーは、カシューが眠る犬小屋のすぐ前にいるようになりました。まるで、つきっきりの看護師みたいでした。カシューが家や外をうろつく時、リビーは、犬のあごの下にいました。食事の時も一緒ですし、ベランダで日向ぼっこする際も一緒でした。カシューが行く所、リビーあり、でした。何だか話し合ってるみたいとテリーは言います。

「リビーは、"気をつけないと、そこにベンチがあるよ""水は、ほら、ここよ"と教えてるみたいだったよ」

リビーは、テリーとカシューの散歩道についていき、ある時は遠くから、ある時は先導し、いつも私がここにいるよと、犬にしらせていたみたいでした。

2ひきは時間が経つにつれ、どんどん仲よくなっていきました。

カシューが15歳になって死んだ時、リビーは、犬がどこかに行ってしまったんだと思い、以前連れだっていった場所をうろついたりしました。そしてリビーは、他の犬とは、同じように付き合うことはありませんでした。カシューと共有した日々のようなことは、他のどんなものとも持ち得なかったのです。

42

そり犬とホッキョクグマ

The Sleg Dog and
The Polar Bear

チャーチルという極北のカナダの町、そこでカメラマンが異常な光景を目にしました。

チャーチルは、ホッキョクグマがいることで有名です。そこでは、ちょっと考えられない近さで、クマと人とが付き合っています。人の出すゴミをねらうクマたちが、氷だらけの世界と町を行き来しています。文明と野生の境界があいまいになってしまっているのです。そして人びとの交通手段として犬ぞりが使われていますが、餌あさりをするクマと犬は、ときどき顔を合わせてもいます。

クマの中にはならずものがいて、犬を殺してしまったこともあります。11月のある日、写真家のノーバート・ロージングは、数十頭のそり犬がつながれている所に、大きなクマが近づいていくのを見ました。彼は、大丈夫かなと心配しました。

「ほとんどの犬が、吠え始めました。クマが近づくにつれ、犬たちは鎖

ホッキョクグマ

シロクマとも言われ、大きいものでは3メートルを超す、地上最大の肉食獣。アザラシやセイウチといった海獣を捕食します。

を引っ張ります」

しかし、他の犬たちから離れ、1ぴきだけ、静かにしているものがいました。ノーバートが見ている中、クマは、静かにしている犬に近づいて行きました。そして、思いもかけないことですが、クマはうずくまり、ごろんと横になり、あの大きな前足を伸ばしました。その姿はまるで犬に、遊ぼうよと言っているみたいでした。

犬は最初、恐る恐るといった感じでしたが、大丈夫そうだという自信が大きくなるにしたがって2ひきは徐々にじゃれ合い始めました。クマは、犬の足を引っ張ったり、尻を軽く噛んだりし、犬は、それに応じます。たまにクマが強く噛んでみたりすると、犬はキャインとなきました。

「クマは、すぐ口を放し、やがて戻ってきて遊び始めました。もっと注意深く、ね。やがて、ずっと一緒にいる友だちみたいに、組んずほぐれつ、転げまわって遊びだしたんです。クマがゴロンと横になると、犬はその腹の上に乗ります。そして、そのままクマは犬の頭を両手ではさみ、右へ左へゴロゴロと……。ちょっと信じられない光景でしたね」

と、ノーバートは言いました。

2ひきは、20分ほど大はしゃぎし、クマは去っていきました。そして数日後、クマはまた戻ってきて、同じように遊びました。チャーチルでは似たような光景が目撃されてきました。時には、何頭ものクマが、何頭もの犬と遊んでいたという報告もあります。そして、犬と仲よしのクマが、他のクマから犬たちを守るようすも観察されています。

でも、不幸なことですが、シロクマと犬の交流は、伝説になるか、写真が残るだけになるかもしれません。気候変動により、北極の氷は、恐ろしいスピードで溶け始めています。多くの科学者たちは、ホッキョクグマは近い将来、絶滅するのじゃないかと言っています。彼らの生活は、海面が広く凍ることによって支えられています。何故なら、その上でアザラシ狩りが行えるからです。氷が少なくなれば、この肉食獣は苦しむでしょうし、チャーチルのような町に、食糧を求めて頻繁に踏み込んでくるのは確実です。そうなるとソリ犬とも、仲よしでなんかいられなくなってしまうでしょう。

そり犬

よく知られているそり犬としては、シベリアンハスキーとアラスカンマラミュートがいる。極寒に耐える厚い毛に覆われ、類まれなスタミナとスピードを誇ります。

43

ヘビとハムスター

The Snake
and the Hamster

親愛なるヘビの飼い主さん。そして小さなげっ歯類愛好家の皆さん。

ご家庭ではこれをマネしないでください。びっくりどうぶつフレンドシップがいろいろ取りざたされる中、日本にある、あきるの動物王国では、1.2メートルのアオダイショウが、しめつけて殺し、丸のみにする代わりに、小さなハムスターを、とぐろを巻いたその中に座らせているのです。

飼育員はこう言います。

「ヘビをつかまえてからの2週間というもの、カエルとかいろいろ、餌としてあげてみたのですけど、彼は何も食べませんでした。そこで、ちょこちょこ動く温かい生きものをあげれば、食欲を刺激するのじゃないかと、ハムスターを与えてみたんですが……」

最初は、どこにでもある光景が見られました。ハムスターは、ちょっとした冗談で、ゴハンと名づけられました。ヘビはアオちゃん。ゴハンは、飼育檻の中を歩きまわり、ヘビのにおいを嗅ぎました。そしてアオちゃん

ドワーフハムスター

ゴールデンハムスター以外の小型のハムスターの総称。本書に出てくるものは、ラッデムハムスターと呼ばれる種類。

は、どんな動物に対してでも行うように、舌をチロチロ出し、獲物のにおいを嗅ぎました。ところが、アオちゃんは攻撃し、のみこまないばかりか、お互いに愛情を交換し合っているように見えました。そのうちゴハンは、アオちゃんの胴体に上ったり下りたりし、とぐろの中に収まると、まるで寝床でも作っているかのように、もそもそ動きました。一方、アオちゃんはゴハンに合わせてとぐろの具合を調節さえしているようでした。

「食べる－食べられるの関係じゃありませんよね。これは、友情関係としか思えません」と飼育係は言いました。

目にもとまらぬ攻撃をしかけ、締めつけて窒息死させるヘビが、神経質なげっ歯類と親しくなるというのは、ちょっといい話ですね。なぜ、こんなことが起きたんでしょう。考えられる理由としては、ヘビは、冬が近づくと代謝を抑え、冬眠の準備をします。そして、この事例は、秋に起きています。つまり、アオちゃんの食欲は落ちていたし、捕食本能はなくなっていたと考えられなくもないのです。夏に、ゴハンを入れたら、きっと違った反応を見せたことでしょう。

動物が平和にふるまっている理由が何にせよ、その組み合わせの妙にひかれ、園には、その光景みたさにたくさんの人が訪れたそうです。

（編注）訳者の畑正憲氏は本記事の「あきるの動物王国」の開設者ですが、これはまったくの偶然によるものです。

アオダイショウ

日本に分布する最大のヘビ。農地や森、人家などに棲み、ネズミなど小型の野生動物をとらえて食べる。毒は持っていません。

44

カメとカバ

The Tortoise
and the Hippo

カメは、愛情あふれる振る舞いをしたり、ふざけたりしないものです。カバだって、そうです。でもこれは、びっくりどうぶつフレンドシップとして、またたくまに広がり、有名になった珍しいお話。

事実は小説よりも奇なり。こんな物語があったんです。

2004年12月。ケニアのマリンディ村近くの海岸を、巨大な津波が襲いました。津波はすべてのものを洗い流しましたが、サバキ川でもがく、ただ1ぴきの生存者、270キログラム近くある子どものカバが保護され、モンバサにあるハラー動物保護センターへ連れてこられました。

カバは攻撃的になったり、かんしゃくを起こしたりすることがあります。それが自分と同じ種に対してすらそうなのです。この時も救助隊は大変な思いをして子カバをとらえたそうです。カバは救助した人の名前にちなんで、オーウェンと名づけられました。そして、小さくておとなしい動物、ベルベットモンキーや、ブッシュバックというレイヨウの仲間の柵の近くで飼育されました。そこには、たまたま130歳のムゼーという名のアルダブラゾウガメがいました。

これが、不思議な、そして素晴らしい物語の始まりでした。オーウェンは、一直線にムゼーへと向かいました。そして、大きな石の後ろに隠れるかのように、ムゼーの背後にしゃがみこみました。ムゼーは、迷惑そうに歩き去りました。でも、カバはついていきます。

翌朝、2ひきはなんとも無器用にくっついていました。カバは野生の群れの中では、母子の関係を除いては、社会的に結びついてはいません。カメだって、群れてはいますけれど、個体どうしが強く結びついているわけではありません。オーウェンは、母親を求めているうちに、わが道を行く、というカメに、何だかいやしの素を見つけたようです。かくて、奇想天外の結びつきができました。

カバの子どもたちは、4年間、母親と一緒にいて、カバになることを学んでいきます。この場合、オーウェンは、カメになることを学び始めました。ハラーパークのマネジャー、パウラ・カフンブは、カバが、ムゼーの採食行動までコピーし始めたと教えてくれました。ムゼーと同じ草を食べるのです。オーウェンは、他の場所で餌をとっているカバなんて知らんふりです。カメは昼行性で、カバは夜行性です。でも、オーウェンは、昼間、元気になりました。2ひきは、一緒にいるようになりました。池に入るのも一緒で、眠る際も隣り合わせです。オーウェンは、爬虫類の友だちを守ろうとしましたし、愛情を示しもしました。カメが、その頭をオーウェンの胴体の上に乗せますと、カバはやさしくその顔をなめてやるのでした。

科学者たちは、この2ひきが、どのようにして肉体的、音声的なコミュニケーションをとるようになったのか、たいへん興味を抱きました。オーウェンがムゼーの頭をやさしくくわえます。腹や足をそっとなでます。彼らはそれで、いつ、どちらへ行くかを語り合いました。彼らはまた、カバやゾウガメが持っていない、深い抑揚のある声でなき交わします。

「お互いのコミュニケーションのやりかたが洗練されていることにびっくりしました」

と、動物行動学者のバーバラ・キングは言います。

「まるでダイナミックな踊りを見ているかのようですね。前もってこうするなんて決めごとなんかない……。それから、これって、本能でやってるわけじゃないと思うんです。だって、片方が片方に教えたりするんですもの」

アルダブラゾウガメ

体長1メートルを超えるリクガメ。絶滅危惧種。

45

シロサイとオスヤギ

The White Rhino
and the Billy Goat

南アフリカの中部、高原地帯にアフリカ原野の2大スターの名にちなんで、サイ・ライオン自然保護区と名づけられた施設があります。最初は、株の仲買人、エド・ハーンが持っていて、2ひきのシロサイがいるだけでしたが、現在は、25種にも及ぶ600頭の狩猟動物が飼われています。

その中に、6か月足らずのサイの子がいました。母サイが密猟者に殺され、連れてこられたのです。子サイは、母サイの亡きがらのそばで保護されました。そして、他のサイの所へ放されるまで、人工的に飼育しようということになりました。しかし、生後半年のサイは、ミルクをがぶがぶ飲みます。ですから、毎日それを用意するのは困難でした。それをききつけた南アフリカの企業が、スポンサーになってくれました。その会社の名前がクローバー。その日からサイもクローバー。

その施設のオーナーの娘さん、ロリンダ・ハーンはこう言いました。

「クローバーには、四六時中のケアが必要でした。生後18か月、母親

シロサイ

サバンナに生息し、体長が４メートルにもなるサイの仲間。本気を出すと時速50キロ以上で走ることができます。

に見守られて育つわけですから無理もないのですが、ま、かかりっきりの仕事でしたね。この時点で、子サイが１日に飲むミルクは、50リットル以上でした。食事時には、キーキーなくし、前足を踏みならしました。やがて体重が270キロを超えると、サイに付き添うことは極端に危険になりました。クローバーは、非常におとなしいサイでしたが、その巨体に踏まれでもしたら、人の足などひとたまりもありません。そして、若くて元気いっぱいのサイにしつけをしようなどという努力は、それほど効果があるものとは思えません。むしろ、人間に慣れさせるのは避けねばならないのです。大きくなった際、狩猟者がねらいやすくなりますから。

しかし、１ぴきだけでの生活は、クローバーにはよくありませんでした。サイはすぐに調子が悪くなりました。地元の獣医は、胃潰瘍《いかいよう》と診断しました。孤独のストレスが影響したのです。クローバーには新しい友人が必要でした。だが、若いサイなど、そうやすやすと手に入りません。ですから、試験的に、クローバーの囲いの中にオスヤギが導入されました。

思った通り、クローバーは新入りに対し興味しんしんでした。何かにつけ、くんくん嗅ぐし、体をこすりつけました。しかし不幸にも、ヤギは、そんな仕打ちが気に入りませんでした。ヤギは、頭を下げ突進しました。オス同士が争う際のヤギの行動です。クローバーは、しぶしぶ隅の方へ後退します。だけど、数分後、クローバーはまた近づいてきました。クローバーの方がはるかに大きいのですが、ヤギはだからと言って、おびえることはなく、おれさまの方が強いのだと主張しました。クローバーは、友人を得て喜んでいました。そのうち気分屋で怒りっぽいヤギの了解をどうにか得たようで、幸せそうに見えました。

1、2週間のうちに、両者は別れ難くなりました。クローバーが、追いかけっこをしたがっていると、ヤギは付き合ってあげました。興奮してキイキイとなき、鼻をならしまくられてもじっと我慢。クローバーが昼寝をしていると、ヤギはひらりとその背中に乗り、あたりを見回す見張り台にしました。クローバーは、寝床、食物、玩具をヤギと共有するなど、すっかりヤギに尽くしました。サイはヤギの後ろをついてまわります。さながら500キロ以上の飼犬といったところ。たまに、ヤギの機嫌をそこねることもありましたが、夜になるとベッドを共にしました。施設のスタッフたちは、ヤギがつぶされるのではと心配しましたが、そんなことは起こりませんでした。そして、いつもヤギがいてくれることが、クローバーを健康にしていきました。彼女は太っていき、元気になりました。友だちがそばにいれば、すべてはうまくいくのです。

ヤギ

紙を食べ、腸内で分解することで知られています。しかし現代の紙は昔と違いヤギが消化できない物質が入っているので、腸閉塞を起こしてしまう可能性があり、危険です。

46

シマウマとガゼル

The Zebra
and the Gazelle

これは、1ぴきのガゼルが、シマウマによって守られたという不思議な物語です。

まず、原野に1ぴきの若いガゼルがいるところを思い描いてみましょう。開けた草原、サバンナ、アフリカやアラブやインドの乾いた山地、そんなところで、か細くて、いたいけなガゼルが草を喰《は》んでいます。偶蹄目《ぐうていもく》の小さな子どもが、敵——たいていネコ科の肉食動物ですが——から身を守る最高の方法は、全力で逃げること……そして、隣で逃げる仲間よりもほんのすこしだけ足が速いことです。

幸い、ヒューストン動物園のガゼルは、そんな必要などありません。

この動物園は、イボイノシシ、シマウマ、エランド、ニャラ（南アフリカのレイヨウです）、ドルカスガゼルなどなどの種を多く集めていました。管理者のダリル・ホフマンによりますと、

「数年前、私たちが動物たちを一緒にした際、心配したのはガゼルが安

全かどうかということでした。と言うのは、シマウマは、幼いガゼルに対して攻撃的で、新生児を殺すことが知られていたからです」

シマウマ

その特徴的な縞模様で、動物園では特に人気があります。サバンナでは1頭のオスと複数頭のメスでハーレムを形成することが多いです。

ですから、彼らは注意深く観察していました（野生では、ガゼルは敵が怖くて、竹馬遊びみたいに、ピョコン、ピョコンと跳びはねていますが）。

ところが、いろんな動物が交じっている群れの中にいたメスのシマウマが、ガゼルに好意を持ったようでした。スタッフたちは驚き、そして喜びました。シマウマは四六時中、ガゼルから目を離しませんでした。ガゼルが休んでいる時はあたりを警戒していますし、ガゼルが行く所、ついてまわりました。柵の中を歩きまわる際も、こちらへこいとうながしました。それは、シマウマがわが子を育てる時と同じでした。

野生下では、この2種の動物は、違った生き方をします。ドルカスガゼルは、自分のナワバリの中を移動して暮らします。彼らは、乾燥した環境に適応していて、水場がなくても生きのびるのです。水分は、食べる草から得ます。

しかし、シマウマたちは、草を求め、水を求め、そして繁殖するために、季節の変化に合わせ、長距離の移動をします。より草が茂り、より湿潤の土地を探し、ヌーなどに交じって移動するのです。でも、動物園では、その必要はありません。そういった場合、このような本能は、他のものにとって代わられることがあります。シマウマとガゼルのケースでは、母性本能でした。

園のスタッフが、イボイノシシを柵に入れた時、シマウマは神経をとがらせ、ガゼルを守ろうとしました。まるで、イボイノシシが、気性が荒いことを知っているみたいでした。

「イボイノシシが近づくと、必ず、シマウマが間に割って入りました。近づくんじゃない、と言ってるみたいでしたね」

と、ホフマンは言いました。

特に目立ったのは、ガゼルがけがをした時のことです。スタッフが治療しようと中に入ると、シマウマはあわてて、ガゼルを守るような行動をとりました。ガゼルを鼻で圧《お》し、起きるようにうながしたのです。まるで、人の手の届かない所へ行かねばと説得しているみたいでした。

「それでもガゼルが動かなかったので、シマウマは、私たちを近づかせまいとしました」

と、ホフマン。

ガゼルは結局、移動させられ、園の治療室で処置を受けました。ほどなくして、園に戻されたのですが、2ひきは最初、よそよそしいようすでした。でも、数日後には、元の関係に戻りました。現在では、2ひきは寄り添い、パッカ、パッカとやっています。

ドルカスガゼル

アフリカ、ユーラシア大陸に分布するガゼル（ウシの仲間）。他のガゼル種にくらべて比較的小さい。絶滅危惧種。

47

コショウダイ、フグ、そして私

The Author, the Sweetlips, and the Puffer Fish

オーストラリアのグレートバリアリーフ――日の光が差すその海の中では、ものすごい命の祭典が目の前に広がっています。

2000 種は下らない魚たち、無脊椎動物、その他の生きものたちがサンゴ礁の壁にそってくねくねと動き、空中を飛ぶように泳いでいるのです。

それは 2300 キロにおよぶ波打つサンゴの山脈で、地球上でもっとも大きな、生きた自然の建造物です。

そこで、私は今までに出会ったことのないような海の中のフレンドシップを目撃しました。

海は“共生”――食物を得るため、身を守るため、もしくは都合のよい移動手段として、自分のためになるような異種間の生きものの関係――を見つけるのに適した場所です。

外敵から身を隠すためにイソギンチャクの中に暮らすクマノミや、寄生虫を食べるためにサメのお腹にくっついているコバンザメなんかはその代表です。

でも、これは私が今までに聞いた共生のケースとはまったく違う、説明もつかないものでした。それは本当に信じられないことに“友だち”同士の集まりだったのです。

私たちの潜水グループには、『ナショナル・ジオグラフィック』誌の取材で、写真家のデヴィッド、そしてジェニファーが一緒にいました。そして、この海域を調査している時に、そのフグに出会ったのでした。

彼（私は、生きものの性別を想像するんです）は、まるでボロボロのソフトボールといった姿かたちで、いつも１人で海の底をごろごろしたり、浅瀬をたゆたったりしていました。妙に人に慣れていて、目の前数センチのところまで近寄らせてくれましたし、寄り添って泳がせてもくれました。そのぷっとふくらんだ魚は、ぴくぴく動く片方の目で私を見ながら、小さなひれを狂ったようにふるわせて前へ進みました。

ある日の午後、調査を終えサンゴ礁から戻ろうとしたその時、そのフグの友だちを見かけました。でもこの時、彼は１人じゃありませんでした。彼とはまったく違う種類の魚の群れの真ん中を泳いでいたのです。それはコショウダイたちで、日のあたる遠浅の水の中に群れている、大きな口を持ったカラフルなイサキの仲間です。年長のフグはキラキラした集団の中でみすぼらしくしおれて見えましたが、まるでその群れの一員であるかのようにその中をうろうろと泳いでいました。そしてコショウダイたちも、その侵入者に気づいていないようでした。フグはモビールのひもにくっついて水の中につり下げられているようで、流れに合わせて浮きつ沈みつしていました。

明らかにヘンな光景です。でも、美しい黄色に取り囲まれたぷっくらとした彼の姿は、私の目にはその群れの王様のように映りました。そして、それは偶然の出来事ではありませんでした。その奇妙な群れは次の日にも、またその次の日にも現れたのです。

生物学者たちはこう言うかもしれません。

この２つの種は、きれい好きの魚とお掃除屋の魚で、コショウダイはフグの身体に付いた寄生虫や古い皮膚を食べているのだ、と。

でもこんな説明だってできます。

年とったフグは、カラフルできれいな美しい魚たちに囲まれて、生きる気力を得ているのではないか。そこには奇妙で最高の友情が芽生えていて、ひとりぼっちのフグはその中で元気づけられているのだ、と。

学者たちは皆、眉をひそめるかもしれませんが、そう考えたほうが楽しくありませんか。

著者あとがき

犬の目をよーく見つめてみてください。ワンちゃんの目ってとってもすてきで、人間的で、そこに愛があると思いませんか？

そんなことはない、と疑り深い人は言うかもしれませんが、この本は、そういった人たちに、喜びや悲しみといった感情は人間だけのものではないのだと確信させるものだと期待しています。

話を集める作業を通して、動物たちが持つ愛情の深さに何度驚かされたことか。犬と友だちになったという霊長類の10年以上にわたる長い歴史や、親を亡くしたヤマアラシに寄り添った子犬の話。自分の檻の中で小鳥を見つけて、それをやさしく放してやったチンパンジーの話。カメの上に乗っているヒヨコや、犬をリードにつないで散歩させるオランウータン。紙面の都合で、ここに書ききれなかったお話もたくさんあります。

最後に載せたフグの話は、オーストラリアのサンゴ礁で私が目のあたりにした、びっくりどうぶつフレンドシップです。それは“友情”とはっきり言えるものではないかもしれませんが、異種間動物のふれあいとして報告せずにはいられませんでした。サンゴ礁では数え切れない種類の魚たちが押し合いへしあいしていますが、そんな中でもこのフグとコショウダイは、思わず噴き出しちゃうだけでなく、このちっちゃい頭の中で何を考えているんだろうと思いをはせてしまうような特別な存在でした。そのせいで、ついつい擬人化が過ぎてしまったかもしれません。ごめんなさいね。

ジェニファー・S・ホランド

訳者あとがき

　サバンナの端にいて、動物たちでわき返る空宙を見ていると、いろいろな空想をする。

　あのミーアキャットが、するするとキリンの首をよじ登り、頭のてっぺんに立ち、小手をかざして見張りをしたらどうだ、とか。

　いかめしい顔つきのオスのライオン。それをいじめられっ子が手なずけ、学校に連れていったらどうだろう？

　原稿の締め切りが迫り、編集者が催促に来る時には、門番は毒ヘビだ。そこを突破されても、玄関にはサソリがうじゃうじゃいたりして。

　以上は、空想の絵だ。そんな夢を映画にしようと思い、企画書を書いたが、真剣に検討してくれる人は１人もいなかった。

　しかし、この本に収録されている物語は、すべて実話だ。本当にあった物語である。クマのふさふさした長い毛の中から、子猫がにゅっと顔を出す。ゴリラが、まるでぬいぐるみを与えられたかのように、大切そうに片手で顔の近くにかかげるのは、これまた子猫である。

　クマとライオンとトラが、同じ家のベランダに座っていたりする。

　奇跡だ！

　あり得べからざることが、ここでは起こっている。皆、そう思うだろう。そのような実話を、世界中から集めたのがこの本である。

　その１つひとつについて、動物学的な解説があれやこれやとつくかもしれない。でも、それらの解説は、真実を語っているようで、でもむしろ、真実の豊かさから遠ざかっている気がする。

いのちといのち。

2つのいのちが、あるのっぴきならぬ環境のもとで出会ったとする。片方の小さないのちは、大きなシルエットが恋しいのかもしれない。もう片方は、生きているものの手ざわりだけを欲しいのかもしれない。

だけど、2人は、会う。会ってしまう。

鼻と鼻をくっつける。

呼気が通い合う。

なつかしい匂い。母親のもの？　いや違う。似ているけれど、違う。でも、心をくすぐる匂い。

それだけで、2人は、終生離れられない絆を得る。私たちの愛の原型。

アイ・ラブ・ユー。

そう言葉にする前に、握り合った手を通じて通い合う体温。

水平線に顔を出した太陽。その美しさに心打たれ、踊りだしたトラ。すると、その横でライオンもまた、ダンスを始める。やがて、トラとライオンが抱き合ってチークダンスを始める。

この世には、素晴らしいものがあふれている。

そよ風。梢でそよぐ木の葉。

振り仰ぐ犬の瞳。

ゾウがそっともたせかけてくる鼻。

ライオンの抱擁。

それらはすべて、愛をはぐくむモトになるものだ。異種の動物たちが仲よくなるのに、どれがどのように効いたのか、誰にもわからない。しかし、それは確かにある。いのちあるものが育つ時、そのどこかの時期かに、うまいタイミングで他のいのちと会うと、その間に得も言われぬ温かい絆が生じることがある。

私は、そのようなことを多く経験した。フクロウと犬。犬とクマ。タヌキの子を育てるメス犬がいたりした。

敏感なシマウマがやってきた時には、セントバーナード犬を愛育していた女性スタッフに世話を任せた。一緒にいるうちに、シマウマはまず犬を信頼するようになり、やがてスタッフにもなつき、果ては私の言うことをきくようになった。シマウマの上に乗っている写真をアフリカに持っていくと、こんなことができるのかと、異口同音、びっくりしてしまう。

ともあれ、異種間の動物が仲よくしている姿は、興味を惹くし、私たちの心に温かいものを与えてくれる。この本をひも解いた読者が、共感していただければ幸いである。

畑 正憲

参考文献

"Assignment America," CBS Evening News, January2, 2009.

Badham, M. and N. Evans. Molly's Zoo. Simon&Schuster, 2000.

Bekoff, M. The Emotional lives of Animals. New World Library, 2007.

Bolhius, J. J. "Selfless memes." Scene20, Nov. 2009, p.1063

California Fire Data: http://Bof.fire.ca.gov/incidents/incidents_stats.

De Waal, F. Good Natured. Harvard University Press,1996.

Douglas-Hamilton, D., producer. Heart of a Lioness. Mutual of Omaha's Wild Kingdom, 2005.

Feuerstein, N. and J. Terkel, "Interrelationships of dogs(Canis familiaris) and cats(Felis catus L.) living under the same roof." Applied Animal Behavior Science 10 (2007).

Goodall, J. Interview with Doug Chadwick for National Geographic, 2009, June 2010.

Hatkoff, I., C. Hatkoff, and P. Kahumbu. Owen & Mzee: The Language of Friendship. Scholastic Press, 2007,

Kendrick, K., A. P. da Costa, A. E. Leigh, et al. November 2001. "Sheep Don't Forget a Face." Nature, 414:165.

Kerby, J. The Pink Puppy: A True Story of a Mother's Love. Wasteland Press, 2008,

King, B. Being with Animals. Doubleday, 2010.

Laron, K. and M. Nethery, Two Bobbies: A True Story of Hurricane Katrina, Friendship, and survival. Walker & Co., 2008.

Linden, E. The Parrot's Lament. Plume, 1999.

Maxwell, L. "Weasel Your Way into My Heart." The Humane Society of the United States (Website), 2010.

Morell, V. and J. Holland. "Animal Minds." National Geographic, 213:3, 2008.

Nicklen, P. Polar Obsession (National Geographic Society, 2009).

Patterson, F. Koko's Kitten. The Gorilla Foundation, 1985.

There's a Rhino in My House (film). Animal Planet, 2009

Vessels, J. "Koko's Kitten." National Geographic, 167:1, 1985.

Animal Liberation Front (animalliberationfront.com)
Best Friends Animal Society (bestfriends.org)
Cute Overload (cuteoverload.com)
Interspecies Friends (interspeciesfriends.blogspot.com)
Mail Online (dailymail.co.uk)
Rat Behavior and Biology (ratbehavior.org)

写真出典：p8-13 ⓒ Rex USA; p14 ⓒ dpa/Landov,; p16 ⓒ EPA/ALEXANDER RUESCHE/Landov; p17 ⓒ Associated Press/Fritz Reiss; p18,21 Lisa Mathiasen and Julia Di Sieno; p22 ⓒ Barb Davis, Best Friends Volunteer; p26,29 ⓒ 2011 Zoological Society of San Diego; p30,32 ⓒ Elizabeth Ann Sosbe; p34,37 ⓒ Johanna Kerby; p38 ⓒ Jennifer Hayes; p42,45 ⓒ Barbara Smuts; p46,49 ⓒ Solentnews.co.uk; p50,53 Melanie Stetson Freeman/ ⓒ 2006 The Christian Science Monitor; p54,56,57 ⓒ Laurie Maxwell/ Jonathan Jenkins; p58 Bob Pennell/Mail Tribune; p62,65-67 ⓒ Ron Cohn/ Gorilla Foundation/ Koko.org; p68 ⓒ Rhino & Lion Nature Reserve; p72,74,75 ⓒ Rina Deych; p76,79 ⓒ Rohit Vyas; p80 Miller & Maclean; p84 BARCROFT/FAME; p87-89 noahs-ark.org; p90 THE NATION/ AFP/ Getty Images; p94 CNImaging/ Photoshot; p98,101,102 Anne Young; p104,107 Bob Muth; p108 ⓒ Associated Press; p112,115 Lion Country Safari; p116,118 ⓒ Jeffery R. Werner/IncredibleFeatures.com; p120,122,123 ZooWorld, Panama City Beach, FL; p124,127 Dimas Ardian/ Getty Images; p128-129 ⓒ Associated Press/Achmad Ibrahim; p130,133 SWINS; p134,137 ⓒ Rex USA; p138,141 Dean Rutz/The Seattle Times; p142,145 Goran Ehlme; p146,149-151 ⓒ Helen J. Arnoid; p152,154,156-157 BARCROFT/FAME; p158,161 Lauren E. Rhodes; p162,164 Maggie Szpot; p166,169 ⓒ Associated Press; p170,173,175 BARCROFT/FAME; p176,178,180 BARCROFT/FAME; p182,185 ⓒ Omer Armoza; p186,189 Deb and Terry Burns; p190 Norbert Rosing/National Geographic Stock; p194,197 Koichi Kamoshida/getty Images; p198 ⓒ Associated Press; p202 ⓒ Rhino & Lon Nature Reserve; p206 ⓒ Houston Zoo; p210 ⓒ Jennifer Hayes;p214,215 ⓒ Twycross Zoo

Unlikely Friendships

47 REMARKABLE STORIES from the ANIMAL KINGDOM

by JENNIFER S. HOLLAND

[著者] **ジェニファー・S・ホランド**

自然科学ジャーナリスト。ナショナル・ジオグラフィック・マガジンで科学ライターを務める。夫と2ひきの犬、そしてたくさんの爬虫類と暮らしている。目下の悩みは、ワンちゃんたちがヘビやトカゲといまだに仲良くなってくれていないこと。

[訳者] **畑正憲**（はた・まさのり）

作家。“ムツゴロウさん”の愛称で知られる。1971年、北海道に「ムツゴロウ動物王国」を創設。王国の様子を紹介したドキュメンタリー番組『ムツゴロウとゆかいな仲間たち』は20年にわたって放送された。

びっくりどうぶつフレンドシップ

2013年9月4日　第1刷発行

著者　ジェニファー・S・ホランド
訳者　畑正憲

発行者　土井尚道
発行所　株式会社　飛鳥新社

〒101-0051
東京都千代田区神田神保町3-10
神田第3アメレックスビル
電話（営業）03-3263-7770
　　（編集）03-3263-7773
http://www.asukashinsha.co.jp/

印刷・製本　株式会社 光邦

ISBN 978-4-86410-268-1

編集担当　畑北斗

◈本書を推薦いたします

いま仏教を知りたい人に最もふさわしい本です。著者の永平寺とアメリカでの修行が生きています。

（青森県恐山菩提寺院代／南直哉）

今も生きる御仏の教え、今を生きる私たちのこころの糧に。

（夜回り先生／水谷修）

「承《う》けて転《てん》ずる」（正しく学び正しく伝える）、これを著者は成し遂げた。むずかしいことを分かりやすく伝えることは難儀である。それをさらりと書き進めたことの底には、著者の実体験があり、それが光を放つ。一読三読をお薦めする所以である。

（群馬県長徳寺住職／酒井大岳）

仏の教えに五戒（不平不満・愚痴・泣き言・悪口・文句）というものがある。五戒を口にせずにいると頼まれ事が増える。頼まれ事をこなしていると、そこに天命が見えてくる。天命を果たすことが人の道なのだ。ヨコミネ式の目的も、「心の力」を育て自立し、世のため人のために生きること、すなわち「天命」を果たすことにある。長谷川氏はヨコミネ式を活用した幼児教育に取り組んでおられる。大変有り難いことである。私は、仏の道を悟り仏の教えを流布する氏を心から尊敬し、その生き方にエールを送りたい。

（鹿児島県 ヨコミネ式／横峯吉文）

仏教との日常的な付き合い方が、とても分かりやすく書かれています。しかも師の行動的で幅広い経験と、多彩な感性で裏打ちされています。開かれたお寺がもっともっと増えて、だれもが近くのお寺を気軽に訪ねる時代を模索する一人として、本書を推薦します。

（新潟市日蓮宗・妙光寺住職／小川英爾）

俊道師に会ったのは5年前くらいだっただろうか。明るく、朗らかで、元気な僧侶というのが第一印象。本書は喜捨、執着、輪廻、戒等の仏教語だけではなく、幸福、不安、いのち…といった現代人の悩みの根源までを、やさしく、日常生活に即して書かれた本。仏教を身近に再発見してほしい、という師の願いが通底している。「悩んでもいい」「泣いてもいい」と寄り添いながら、「次の一歩」を指し示そうとする僧侶の肉声が浮かび上がってくる。

（月刊葬儀編集長／碑文谷創）

瑞岩寺の境内でのコンサートは、何とも言えぬ安堵感と皆さんとの連帯感に包まれました。この本は分かりやすい言葉で、これからあるべきお寺の姿を教えてくれます。そして、僕たちが、普段どれほどお釈迦様の教えを心の拠り所としているかに気づかされます。人が集まるお寺っていいなぁ！

（歌手／ダ・カーポ（榊原政敏・広子））

瑞岩寺直近の総合病院に勤務している医師です。小生のような門外漢にも非常にわかりやすく、仏教と我々の日常生活の深い結びつきが解説されており、一気に読破できる素晴らしい本と思いました。著者の海外からの視点も含む豊富な経験とお考えが随所にちりばめられており、読者にさわやかな感動を与えてくれ、加えて仏教への深い理解のみならず、日本人が本来持っている素晴らしさをも再認識させてくれる必読の一冊です。

（医療法人財団明理会・イムス太田中央総合病院病院長／福島弘樹）

日本仏教の魅力を発見したければ、一度は必ず海外に出なければならないのかもしれない。そんなふうに思えるほど、ここ最近出会う良質な仏教本の著者は、ことごとく海外経験のあるお坊さんであることが多いです。本書の著者の長谷川俊道さんも、やはりハワイでの開教経験のある禅僧。日本仏教の「当たり前」を海外へ持ち出して、アメリカ人を相手にとことん議論してきた経験をお持ちだからこそ、長谷川さんから紡ぎ出される言葉はシンプルながら日本仏教の大切なところを心にスーッと運んでくれます。瑞岩寺の名前のとおり、禅僧らしい瑞々しさと岩のような安心感にあふれた一冊です。

（一般社団法人お寺の未来理事・浄土真宗本願寺派光明寺僧侶／松本紹圭）

この本は、遠い時代に生きたお釈迦様の息吹を、現代に生きる私たちの心に感じさせる。あの頃も、お釈迦様は、このように「生きるためのヒント」をお説きくださったのでしょう。

（NPO法人テラ・ルネッサンス創設者／鬼丸昌也）

ありがとうにはじまりありがとうに終わり、さわやかになりました。そして、有難いことに、知らないことがわかりやすくかかれていて、へぇ～となりました。

（面白法人カヤック代表／柳澤大輔）

プロローグ

皆さんは、最近、いつお寺に行かれましたか?

お寺といえば、お墓参り。お盆とお彼岸のときくらい……という方が多いかもしれませんね。

でも、昔は何かあれば、「お寺の和尚さんに相談してみようか」と、すぐにお寺に顔を出してくれていたものでした。今でいうコンビニ……とまではいかなくても、お寺は毎日でも、気軽に立ち寄れるような場所だったのです。

それがいつの間にか、特別なときにしか行かない場所になってしまったのは、お寺を守る者としては、非常に寂しいかぎりです。

はじめまして。ここで自己紹介をさせていただきますね。

私は、長谷川俊道と言います。

現在、群馬県・太田市の瑞岩寺《ずいがんじ》というお寺の副住職ならびに毛里田《もりた》保育園園長と理事長をしています。

瑞岩寺は、天文12年（1543年）に常陸国河内郡若芝本宿（茨城県）の「金龍寺」の末寺として創建された曹洞宗のお寺で、運慶作といわれる「十一面観世音菩薩像」を本尊としています。

以来470年余、近在の皆様が祈りの場所として大切に護ってこられ、慶安二年（1649年）、徳川幕府三代将軍家光の代には、以前の由緒をもって御朱印地を賜りました。現在、私の父である長谷川昭雄が住職を務めています。

今でこそ、私もお寺の副住職を名乗っていますが、子どもの頃の私は、ずっと仏教の世界から抜け出したいと考えていました。仏教の魅力云々よりも、

「たまたま寺の長男に生まれただけなのに、どうして僕はお寺を継がなくちゃいけないのだろう？」

そんな思いが優先して、自分の人生を恨めしく思っていました。家がお寺というだけで、地域でお葬式があると、「おまえの家は、今日はすき焼きか」などと、周りから嫌みを言われることもよくありました。お寺に生まれた子どもは、大抵こういう辛さを味わっています。だからこそ私は、「自分はそうはなりたくない」と反発を感じたのだと思います。

子どもの頃の私は理科や算数が好きでしたから、一時は理数系の大学に進み、別の道を生きることも考えました。結局は仏教の道へと進むことになりますが、ここに至るまでの私の経歴は、僧侶としてはちょっと変わっているかもしれません（今でもかなりユニークだと思いますけれども）。

皆さんに私がどんな人間かを知っていただくために、これまでのことを少しお話しさせていただきます。

お寺で人々の心の拠り所となる。それが住職の仕事

高校卒業後、私は、虎ノ門の大寺院で小僧として住み込みながら、曹洞宗の宗門の大学、駒澤の仏教学部で仏教の基礎を学びました。

そして、大学卒業後、福井県の大本山永平寺で3年余り修行し、その後、ハワイのパールハーバーにあるお寺で、開教師（住職）として約7年間従事し、帰国して瑞岩寺の副住職になりました。

曹洞宗の大本山、永平寺での3年間の修行は、私に、今の道に進む決心をさせてくれました。本山には日本中からいろいろなお坊さんが毎年150人くらい修行にやってきます。一人ひとりのお坊さんと接するうちに、「お坊さんも悪い仕事じゃないな」と思うようになりました。それまでは、お葬式や法事をとり行うことばかりが僧侶の仕事のように感じていましたが、自分たちの出番がそれだけではないことに気づいたのです。

一般的に、地域のお寺を任されている僧侶のことを「住職」といいますが、お

寺に「住んでいる」ことがすでに「職業」なのです。常にその場所にいて、地域の方たちの心の拠り所となり、皆様の役に立つ。そのために存在するというのは、すごいことだと思いました。

それでようやく、僧侶として生きていこうと心が決まりました。

ハワイのお寺で学んだこと

永平寺の修行を終えた頃、ハワイでの開教師という仕事のご縁をいただきました。海外の寺院に興味がありましたし、日本という国、日本の仏教を外から眺めてみたいという気持ちもあったので、喜んでお引き受けしました。

「ハワイでお坊さん？」と思われるかもしれませんが、ハワイには日本からの移民の方がたくさんいらっしゃいます。

今のように海外が身近でない時代、大きな決断の末に海を渡った日本人の心の拠り所として、曹洞宗だけでなく、かなりの数の寺院が存在していたのです。

そして、ここでの経験もまた、私に大きな学びや気づきをくれました。

まったく異なる文化の中に根ざした仏教寺院は、日本のものとはかなり違うものでした。

まず、お寺が教会のような建物で、施設内も全て椅子席です。日曜日には、毎週サンデーサービスが行われ、境内では日本語学校、各種日本文化教室なども開かれました。

お経は、英語と日本語が半分ずつ。しかもお経が10分くらいで、法話が30分と、日本のように、お経をあげたら法話もそこそこにいなくなるようなことはありません。また、皆さんとても熱心で、毎週日曜日には必ず集まって、私のお経や法話に耳を傾けてくださいました。これだけでも、日本のお寺の現状とは、かなり違うものを感じました。

しかし、そんなハワイでもお寺の数は年々減少しています。

以前は200寺、曹洞宗だけで20寺くらいあったものが、その半数は潰れました。原因は全て経営難です。

信徒さんは、初代から2世、3世と代が変わり、4世、5世、6世ともなれば、すでに日本語は「聞くことはできても話せない」という人がほとんどです。当然、考え方もアメリカ人になっていきます。放っておけば、どんどん信徒さんが減ってしまうのも当たり前のことでしょう。

もともとお寺は、信徒さんのお布施と、お葬式や法事が収入源ですから、それが少なくなれば経済的に維持できなくなってしまうのです。

その様子を見たときに、私は、

「日本でも同じことがきっと起こる。祈禱寺と本山、観光寺以外は、どれだけ生き残れるのだろう？」

と、大きな危機感を抱きました。

日本でも、お寺に足を運ぶ人は減っています。なぜ皆さんがお寺に行かないのかといえば、冒頭で申し上げたように、行く必要がなくなっているからです。大きなお寺を見ているとさほど感じないかもしれませんが、地域に根ざした小さなお寺には、経営難のところがたくさんあります。

というのも、お寺は収入のほとんどをお葬式と法事に頼っているわけで、地域の方たちが離れ、お葬式を頼まれなくなると、収入は減る一方です。こんな不安定な状態では、お寺を維持していくことができません。

なんとかしなければいけない――。そこで私なりに出した結論が、「みんなに必要とされるお寺になる」ということでした。

ブログやメルマガ、ポッドキャストで情報発信

また、実は、日本にあるお寺の数は、少なくなったといってもまだまだ多いのです。

コンビニエンスストアが全国に約4万店舗あるのに対し、お寺は全国に約8万寺あるといわれています。これだけのお寺がきちんと情報を発信するようになれば、何かが変わるんじゃないか。そう考えた私は、興味のあるところに自分から積極的に足を運び、いろいろな方からお話を聞くようになりました。

どんなことをやっているんですか？
どうしたらいいんですか？
どうすれば、変われますか？

そうやって情報発信のノウハウを集め、少しずつ活動を始めました。

ブログやメルマガ、寺報でお寺のことを伝えたり、講演やイベントを企画したり、FMラジオ番組で人生相談をしたり、ポッドキャストを配信したり……。できることから始めていき、今ではたくさんのボランティアの方々がお寺の活動に力を貸してくださるようにもなりました。

お寺は、開かれた場所であるべきだと思います。檀家さんはもちろんですが、曹洞宗の信徒さんでなくても、ありとあらゆる方にいらしていただいても良い場所です。

もっと多くの人たちに、お寺のこと、お坊さんのことを知っていただき、使ってもらいたい。葬儀や法事だけでなく、お盆やお彼岸だけでなく、困ったとき、迷ったとき、何か心に引っ掛かる悩みが生まれたときなど、まわりの誰にも相談できないようなことがあれば、お寺を、お坊さんを思い出してもらいたい。そんな思いで活動を続けています。

残念ながら、全てのお寺でこうした活動を受け止められているわけではありませんが、少なくとも、瑞岩寺で、私はお待ちしています。

お寺や、FMラジオ、ポッドキャストのご相談コーナーには、さまざまなご相談をお寄せいただきます。中には自らいのちを絶つことを覚悟しながらお話しされるような方もいます。

私も完璧な人間ではありませんが、私と話すことで少しでも心が軽くなり、また、お釈迦様の教えが皆さんの気持ちを前向きにするきっかけになれば、とても有り難いことです。

世の中には、苦しいことや辛いこともたくさんありますが、状況はいつか変わります。

また、ものごとには必ず原因があり、結果がありますから、原因が変われば結果も変わります。**人生は、いくらでも変えることができる**のです。

そして、何より思い出していただきたいのは、私たちはさまざまな「いのち」のつながりの中で生かされているということです。

多くのご先祖様の、ご両親の、友人のいのちと、また、自然と、暮らしの中のあらゆるもののいのちと、私たちはつながって、今を生きています。

いろいろな縁の上に成り立つ大切ないのちですから、ずっと悩んだり、苦しんだりしているよりも、楽しく、幸せに使ったほうがよいでしょう。

たくさんの方のご葬儀に立ち会っていると、人生は思っているほど長くないと痛感します。だからこそ、皆さんがしあわせであってほしいと心の底から思うのです。

拙書に、私が日々の仕事を通して感じたこと、お伝えしたいことを集めました。落ち込んだり悩んだりしたとき、この本のどこかの言葉が、皆さんがご自分のいのちを考えるきっかけになり、気持ちを前向きに切り替えるお手伝いになればとても光栄です。

そしてさらに、皆さんが少しでも「悟り」の境地に近づくお手伝いができれば、僧侶としてこれに勝る喜びはありません。

お坊さんが教える「悟り」入門

目次

プロローグ　3

第1章　身を整え、呼吸を整え、心を整える

有難し　「ありがとう」を伝える　あなたに会えて、ありがとう　22
諸法無我　「いのち」のつながりに目を向ける　全てのものごとはつながっている　28
主人公　誰かと自分を比べない　「幸せ」は自分で決めるもの　33
身心一如　身を整え、呼吸を整え、心を整える　悩みから自由になるための禅の教え　38
執着　こだわりを捨てる　鏡の「が」を取り去ると神になる　42
四十九日　辛さや悲しさを味わう　人は下に向かっても成長できる　46
諸行無常　不安は受け流す　起きてもいないことを気にしすぎない　50
運命と宿命　占いは気にしない　運命は、自らの手で変えられる　54
リトリート　自分と向き合う時間をとる　人生を豊かにする「心の洗濯」　58
因果応報　善い行いを心がける　善い行いが豊かな人生をつくる　62

第2章 喜捨――ためこまない生き方

喜捨　執着を捨てる　喜んで手放すと良いことが起こる　70
陰徳　他人を助ける　ハワイの日系移民がくれた優しさ　76
お布施と三毒　イライラする気持ちを洗い流す　布は何度も洗えば色が落ちて無垢になる　82
本證妙修と十善戒　戒律を守って生きる　無垢になった心を仏色に染める　86
授戒　「戒名」ってなんだろう　生前に戒名を授かるということ　91
布施波羅蜜　まず、自分を好きになる　自分を肯定できれば、他人にも愛情を注げる　94
精進波羅蜜　小さな成功体験を積み重ねる　継続は力なり。できることから少しずつ行う　98
言霊　口に出す言葉を意識する　日々の言葉があなたの人生をつくる　102
愛語　言葉の裏にある気持ちを思いやる　言葉よりも大切なものがある　106
五観の偈　「いただきます」「ごちそうさま」と言う　私たちは多くの「いのち」に生かされている　111
悉通仏性　全ての「いのち」に敬意を払う　全て生きているものは仏となり得る　117

第3章　人はなぜ生まれ、死んだらどこへ行くのか

六道輪廻　人はなぜ生まれてきたのか　「天上天下唯我独尊」の本当の意味　122
死後の世界　人は死んだらどこへ行くのか　残された人の心の中で生き続ける「魂」　127
霊魂　霊魂はあるのか、ないのか　あなたが「あの世に持っていけるもの」　133
解脱　宗教はなんのためにあるのか　「いつか訪れる最期」への準備　138
日々是好日　死を受け入れる　あなたにとっての「最高の死の迎え方」とは　142
尊厳死　自分の最期を自分で選択する　今の気持ちを「リビングノート」に書き留める　146
不殺生戒　どうして人を殺してはいけないのか　正しく生きるためのルール　150
自殺　自らいのちを絶つということ　もう一度、「いのち」のつながりを思い出す　154

第4章 これからの「お寺」との付き合い方

寺・僧侶 「お寺」はなんのためにあるのか これからの「お寺」「僧侶」の役割 160
葬式 「お葬式」はなんのために行うのか 「寺葬儀」のすすめ 165
仏教にまつわる数字 四苦八苦、七五三……数字の意味は？ 全てが「6」になる 171
墓 少子高齢化時代の「お墓」のあり方 お寺やお墓を「選択」する時代に 178
彼岸 「お彼岸」に故人と心をひとつにする 六波羅蜜をひとつずつ修める期間 183
法事と塔婆 法事ではなぜ「塔婆」を立てるのか 死を悼み、生まれ変わりを願う 187
お盆 「お盆」には自分の背筋を正す 自分は餓鬼道に落ちていないか 189
精霊棚 お盆になぜ茄子やキュウリで乗りものをつくるのか 精霊棚でご先祖様をお迎え 193
六曜 「友引にお葬式をしない」のはなぜか 友引にお葬式をしない理由 197
棚経 心にしみる「お経」の秘密 あの世とこの世をつなぐ 201
祈禱 祈りは、時空を超える 願いが叶うための「ご祈禱」の心構え 204

第5章 小さなことにくよくよしない

四法印 お釈迦様が悟った4つの真理 みんなが心安らかでいられる社会のために 210
人生相談① なかなか就職が決まらないあなたへ 「しあわせを感じられるか」を基準にする 220
人生相談② 自分は評価されていないと感じているあなたへ 「慢」の心を落ちつかせる 224
人生相談③ いつも他人と比べてしまうあなたへ 心の声に従って生きる 229
人生相談④ 出会いがなくて困っているあなたへ 自分から行動する 233
人生相談⑤ 愛する人との別れに苦しむあなたへ つらいときは体を動かす 237
人生相談⑥ 子育てに悩むあなたへ 「甘やかす」のではなく「甘えさせる」 241
人生相談⑦ 感性豊かなお子さんを育てたいあなたへ いっぱい失敗もいい 246

あとがき 251

第 1 章

身を整え、
呼吸を整え、
心を整える

有難し

「ありがとう」を伝える

あなたに会えて、ありがとう

拙書を手にとってくださって、ありがとうございます。

ありがとう――とても大事な言葉だと思います。

皆さんも日常でよく使われると思いますが、実は、仏教用語から出てきたものだとご存じだったでしょうか？

「ありがとう」を、漢字では「有り難う」と書きます。

読んで字の如し、「有る」ことが「難しい」、つまり、「滅多にない」ことを指しています。「有り得ない」と置きかえてもいいかもしれません。

語源には諸説あるようですが、お釈迦様の教えを説いた古い教典「法句経《ほっくぎょう》」の中に、

「得生人道難　生寿亦難得　世間有仏難　仏法難得聞」

という お釈迦様の言葉があり、これを語源とするという説もあります。

言葉の意味を簡単に説明すると、「人として生まれることは難しく、今生きていることも有り難いことだ。世の中に仏があることも、その教えを聞くことも有り難いことだ」となります。

お釈迦様は、遥か昔に、私たちが人間に生まれ、正しく生きることは難しい。すなわち「有り難い」ことだと説かれていました。

今、生きているというだけで有り難い、「奇跡」のようなものだとおっしゃっているのです。そのことをもう少しお話ししましょう。

私たちは、自分の生まれている境遇を誰も選ぶことはできません。
しかし、この世に生を受けるまでの長い道のりを考えてみてください。

私たちは誰から生まれたのでしょうか。
もちろんお母さんのお腹からですが、お父さんの存在なくては生まれません。

そのお父さんと母さんもまた、それぞれのお父さんとお母さんの間に生まれてきました。それぞれにご両親がいるわけですから、関わる人の数は、どんどん倍に増えていきます。そのご両親も、さらにそのご両親も……と遡《さかのぼ》ってみると、

10代遡ると１０２４人、
11代遡ると２０４８人、

ここで大体300年前くらいになりますが、今の私たちが生まれるためには、300年の間に1000組以上のお父さんとお母さんのカップルがいなければならないということです。そして、代々の数を足してみると、なんと、4094人！
その間に誰一人欠けても、今のあなたも、私も、生まれていないのです。
そして、さらに、
20代遡ると100万人以上、
30代遡ると1億人以上！
現在の日本の人口が1億3000万人弱ですから、どれだけ多くの人たちの上に今があるかが分かります。

多くのいのちと縁が脈々とつながって、授かったもの。
それが、今を生きる私たちの「いのち」です。

また、地球上の生命の中で、私たちが「人として生まれる」確率は、2兆分の1くらいだそうです。今、ここにいること自体、奇跡のようなものですね。

そして、この「奇跡」へといのちをつないでくれたご先祖様たちの道のりを思うと、私は、ただただ、「ありがとうございます」と頭が下がります。

そして、この奇跡を思えば、出会いの一つひとつも大切に思えてきます。

あなたに会えて、ありがとう。

出会った方にお伝えしていきたいし、自分も人からそう言われる存在でありたいと思います。

あなたもぜひ、いのちの奇跡に思いを馳せてみてください。きっと誰かに「ありがとう」を伝えたくなりますよ。

禅僧の教え 1

人として生まれることは難しく、
今生きていることも〝有り難いこと〟。
世の中に仏があることも、
その教えを聞くことも〝有り難いこと〟。

今、目の前の人と出会えている「奇跡」に、あらためて思いを馳せましょう。

諸法無我

「いのち」のつながりに目を向ける

全てのものごとはつながっている

仏教では、私たちの「いのち」が多くのご先祖様から引き継がれたものであるように、この世の全てのものはつながっていると教えています。

それは仏教の教えの大原則、「四法印《しほういん》」にも見ることができます。

「四法印」とは、

- **諸行無常《しょぎょうむじょう》**……この世のものごとは、全て変化している
- **諸法無我《しょほうむが》**……この世のものごとは、全てつながっている

・一切皆苦《いっさいかいく》……この世のものごとは、全て思いどおりにならない
・涅槃寂静《ねはんじゃくじょう》……煩悩の消えた悟りの世界は、静かで安らぎの境地である

の４つのことで、この中の「諸法無我」が冒頭の教えにあたります。

たとえば、私たちのからだについて考えてみましょう。

私たちのからだは、皮膚や骨、筋肉、血液、内臓などで構成されていますが、もっと細かく見ていくと、もはや目では確認できない原子で形成されていて、それらが日々生まれ変わり、入れ替わっています。

そして、いつか天寿を全うしてからだがなくなっても、その原子は、風や雨や雪、あるいは、酸素や窒素、二酸化炭素などに形を変えて、永遠に変化を続けていくのです。

つまり、私たちのからだも、自然環境も、全てが途切れることなく、つながっているということです。

これは、心に置きかえて考えてみても同じです。

私たちはこの世に無垢な状態で生まれてきます。人生の最初から性格や生き方が決まっているわけではなく、日々の食べ物や、家族や友人など周囲から受ける影響、自分の学びなどによって変化していきます。連綿と続く時の流れの中で、あらゆるものごとが作用し合い、今の自分の心を形成していくのです。

もちろん、周りにいる人たちの心も、それぞれの人生の中で出会った人やものごとの影響を受けながら作られてきたものです。

こうして考えていくと、全てのものはつながっているという感覚もお分かりいただけるのではないでしょうか。

よく「人は一人では生きられない」といいますが、そのとおりだと思います。ただし、それは支え合うという意味だけでなく、「生きている」こと自体、この世の全てのつながりのひとつだからです。

私たちのからだも心も、大きなつながりの中で形成され、また次へとつながっていきます。

「もし、世の中の一人ひとりがつながり合っているなら……」

そう考えてみると、見ず知らずの人にも、もっと親近感が湧いてきませんか？

たとえば、道で困っている人を見かけたら、躊躇なく「どうかしましたか？」と声をかけることができる。また、子どもやお年寄りのお世話も、家族のような気持ちで接することができるようになる。

あるいは、道ばたに落ちているゴミを拾ったり、倒れた自転車を元に戻したり。

そんなことも、抵抗なくできるようになるのではないでしょうか。

誰かのためにすることは、自分のためにしているのと同じこと。

そう思うと、気持ちがわくわくしてきませんか？

禅僧の教え2

この世のものごとは、全て変化している。
この世のものごとは、全てつながっている。
この世のものごとは、全て思いどおりにならない。
煩悩の消えた悟りの世界は、静かで安らぎの境地。

私たちは、大きなつながりの中で形成され、また次へとつながっている。
そう考えると、見ず知らずの他人にも、親しみや優しさを感じてきませんか？

主人公

誰かと自分を比べない

「幸せ」は自分で決めるもの

人間は、一日のうちに6万回から7万回くらい、さまざまなことを思考するといわれています。考えていることがコロコロ移り変わるから、「心《ココロ》」というのかとも思えてきます。

では、その「心」ですが、皆さんは一体どこにあると思いますか？

目に見えないものだけに、居場所を突き止めるのは難しそうですね。それに自分でコントロールすることも難しいと思います。

では、幸か不幸かを自分でコントロールするにはどうすればよいでしょうか。

私は、**「幸せ」は、一人ひとりが自分自身で感じ、自分自身で決めるもの**だと思っています。

誰かと比較したり、誰かに決めてもらったりするものではないでしょう。

残念ながら、良くも悪くも情報が氾濫している現代社会では、世界中の情報と自分とを比較できてしまいます。そして、「あの人に比べて……」と誰かと自分を比較することで、不幸な感覚に陥っている人が多いような気がします。

しかし、比較し出したらキリがありませんし、うらやんでいる相手が本当に幸せかどうか、本当のところは分からないのです。なぜなら、私たちが見聞きできるのは、相手の情報の一部、「氷山の一角」にすぎないのですから。

そんな不確定なものと比較しても、幸せになるヒントは得られません。それよりも、自分に目を向けることが大切ではないかと思います。

私は、福井県にある永平寺というお寺で3年間修行を積みました。

お寺で与えられるのは、数枚の衣類、毎日の食事、それに一畳分の広さと寝具。

大雑把に言えば、これくらいなものです。

これだけお話しすると、「それしかもらえないなんて、大変ですね」とおっしゃる方もいますが、お寺での生活は衣食住がまかなわれ、生きていくための心配がありません。ですから、外の暮らしと比較することもなく、心はとても穏やかでいられます。

今は、物質的にはかなり恵まれている方のほうが多いでしょう。必要なものが満たされているのに「不幸」と感じるとしたら、それは誰かと自分を比べているからです。そして、**比較を続けるかぎり、その先に「幸せ」はありません。**

最近、もので満たされるだけでなく、そのうえに充実感とか、達成感とか、愛とか、絆とか、目に見えないものの大切さに気づく方も増えています。「幸せ」とは、このような満ち足りた感覚を味わったときにこそ湧いてくるものです。

「幸せ」は目には見えません。

また、誰かに与えられるものでなく、自分自身が感じるものです。

そして、**「幸せ」を実感する近道は、小さなことにどれだけ感謝できるか**だと思います。


今日の「朝ごはん」に感謝して、ゆっくり咀嚼し、味わってみよう。

散歩できる両足に感謝して、朝日と呼吸を楽しもう。

毎日一緒にいる家族に感謝して、「ありがとう」と伝えよう。

大好きな人とともに過ごす「時間」を大切にしよう。


あなたも自分の好きな方法で、心に満ちたその感覚を味わってください。

それが「幸せ」だと思います。


「幸せ」は自分で決めるものです。もしも、あなたが今、「自分はついてない」「不幸だ」と感じているなら、自分の何気ない日常に目を向けてみてください。

いろいろなところに、心を「幸せ」に切り替えるスイッチはあるはずです。

禅僧の教え 3

中国の禅師は、毎日自分自身に「おい、主人公」と呼びかけ、また自分で「はい」と返事をし、自ら問答をしていたそうです。

現在もよく使われている「主人公」という言葉は、この禅問答に由来するといわれています。「主人公」とは、自分の中にいる本当の自分。あなたにとって何が幸せなのか。その答えは、人生の主人公であるあなたの中にあるのです。

身心一如

身を整え、呼吸を整え、心を整える

悩みながら自由になるための禅の教え

仏教にはさまざまな宗派がありますが、禅宗では「身心一如《しんしんいちにょ》」といって、「身」と「心」はひとつであると教えています。

これも、先ほどの「諸法無我」の教えとつながるかもしれません。身も心も、単体で存在するものでなく、互いに作用し合い、つながっているのです。

そして、お寺の修行として、私たちは「心」を静めるために坐禅を組みます。そんな坐禅姿を見たことのある方は多いでしょうが、なぜ組むのかを知っている人は少ないかもしれません。

坐禅を組むのは、まず、「身」を整えるためです。これを**「調身《ちょうしん》」**といい、心を整えることに集中できるよう、体の余計な動きを止めて、環境を整えます。

次に、**「調息《ちょうそく》」**といって自分の吸う息、吐く息に集中します。「身」と「心」がひとつというのは、息づかいにも表れます。

たとえば、怒ったり、イライラしたりしていると息が荒くなるものです。また緊張しているときに深呼吸をすると、少し楽になりますね。

呼吸は「心」の状態と密接に関わっているのです。

それだけに、呼吸に集中することが、心に集中するうえでも重要といえます。

さらに、呼吸がうまくできるようになると、最後にあるのが**「調心《ちょうしん》」**、つまり心を整えることです。

坐禅を組むと「心が無になる」といいますが、これを思考が停止して、頭が真っ白になる状態だと思っている方もいるようです。

しかし、人の心はコロコロ移り変わりながら、何万回もの思考を繰り返していきます。坐禅を組んでも、それが止まることはありません。生きているかぎり、「考えない」でいることは無理なのです。

では、「調心」とはどうするのか。

これは、思考の一つひとつにこだわらず、本当に大切なものに集中するという作業です。次々に頭に浮かんでくる思考が走馬灯のように巡るのを、もう一人の自分が眺めているような感覚というと、イメージが近いかもしれません。

私たちが悩んだり、苦しんだりするのは、ものごとに執着し、比較をするからです。**小さなものごとにこだわらず、受け流すようにしていると、徐々に頭の中が整理されて、大切なものだけに集中できるようになります。**

小さな悩みやイライラを、頭の中の走馬灯に流すことを想像してみてください。くるくる回って、やがて見えなくなるでしょう。

余分なものを捨てたときこそ、大切なものを拾うチャンスです。

禅僧の教え 4

調身――体の余計な動きを止め、環境を整える。
調息――自分の吸う息、吐く息に集中する。
調心――一つひとつの思考にとらわれず、
本当に大切なものに集中する。

こうしていると、「怒り」「妬み」「嫉み」「憎しみ」といった感覚もコントロールできるようになってきます。このような状態が、いわゆる「悟り」の境地なのです。

執着

こだわりを捨てる

鏡の「が」を取り去ると神になる

もうひとつ、「悟り」についてお話ししましょう。

先ほどご紹介したように、禅宗では、坐禅を組み、心の中の「こだわり」を捨てると、悟りが得られるとしています。

「こだわり」とは、「執着」のこと。これを「我」ともいいます。

「我」を取り去ると、「悟り」を得られる。

この考え方は、実は、神社でも同じのようです。

皆さんは、神社のご神体が何かご存じでしょうか？

仏教は信仰の拠り所として、それぞれのお寺にご本尊様がいらっしゃいますが、神道の場合は、ご神体として鏡が祀られている場合が多いようです。

「鏡」をひらがなで書くと、「かがみ」。

この中の「が」を「我」に置きかえて、取り去ってみてください。

すると、残るのは「かみ」になります。「かみ」は「神」に通じます。

仏教でも、神道でも、「我」を取り去ることが大切であるとしているのは、興味深いことだと思います。

日本の家庭で、今でも神棚と仏壇がうまく共存しているのは、こうした共通点があるからかもしれません。

皆さんも、お正月やお盆、あるいは旅先などで、一年に何度かは神社やお寺に足を運ぶことがあると思います。

お参りするときに大切なのは、「自分のこと」をお願いしないということです。

家族のこと、仲間のこと、地域のこと、日本の安寧、世界の平和など、自分以外のことをお祈りしてみてください。

「我」を捨ててこそ「悟り」が得られ、涅槃寂静の世界につながります。そして、みんなが「我」を捨ててお祈りするということは、誰かがあなたの幸せを祈ってくれていることになります。

自分一人より、自分以外の大勢の人が祈ってくれるほうが、なんだか大きな力が得られそうな気がしませんか？

神社のご神体は鏡。お参りしたあとに映るのは、「我」か「神」か。

あなたはどちらでありたいと思いますか？

禅僧の教え 5

「我」を捨ててこそ、「悟り」が得られる

神社やお寺にお参りしたときは、家族のこと、仲間のこと、地域のこと、日本の安寧、世界の平和など「自分以外のこと」を祈ってみませんか？

四十九日

辛さや悲しさを味わう

人は下に向かっても成長できる

うちはお寺ですから、たくさんの方のご葬儀に立ち会わせていただきます。そして、亡くなった方を見送ったあと最初に行われる法要が「四十九日」です。仏教的に、四十九日は、「中陰《ちゅういん》」とか「中有《ちゅうう》」と呼ばれ、解脱《げだつ》（煩悩から解き放たれて心の自由を得ること）、または生まれ変わりの期間とされていますが、私は、この49日間が、遺族の心のケアの時間にもなっていると思っています。その期間に、亡き人を思い、心に刻み、癒やしのときを過ごすのです。

人は、本当に辛いとき、悲しいときには、頑張りたくないものです。力が抜けて何もしたくなくなります。辛さや悲しみのあまり死にたいと考えてしまうことだってあります。見送った相手が最愛の妻や子、肉親だったりすればするほど辛いでしょう。

「大切な人を亡くして初めて、あの人の有り難さが分かりました」

葬儀のときにご遺族から、よくこういった言葉をお聞きします。

ご遺族がどれほどに辛いのか。その思いの深さを推し量ってみても、実際のところは分かりません。私なりにご遺族の心の安寧をお祈りするほかありません。

ですが、その辛さや悲しみには、必ず意味があるものだとも思っています。

私は、**「人間は上にも成長するが、下にも成長する」**と思います。

勉強して学力が身についたり、訓練して技術が磨かれたり、人から褒められてますますやる気が出たり。こういったものを上に向けた成長と捉えるなら、辛い、悲しいといった体験は、人を下に向けて成長させると思うのです。

そして、下に向かって伸びたぶんだけ、いつかその反動でもっと上に伸びていくのではないでしょうか。

辛さや悲しさは、「幸せ」を感じる力をより強くすると思います。

「幸せ」は人が与えてくれるものではなく、自分で感じるもの。それだけに、感じる力が強ければ強いほど、大きな幸福感を味わうことができます。

大切な人を亡くした悲しみの深さは、これから先にある「幸せ」をより大きくしてくれるでしょう。それはきっと先に旅立っていかれた方々の願いでもあると思います。

世の中には、「辛い」「悲しい」「苦しい」ことがたくさんあります。

しかし、これらを乗り越えたあとには、必ずいいことが待っているはずです。

そこに目を向けてみると、今の状況も違った見方ができるのではないでしょうか。

禅僧の教え 6

色即是空《しきそくぜくう》、空即是色《くうそくぜしき》。
私たちのまわりにあるものは、
絶えず移り変わり続けています。
どんなものも、どんなことも、
とどまることはないのです。

目の前の困難は、ずっとは続きません。そして、そのときに味わった感情は、あなたが成長するための気づきや学びとして、気づかないうちにも作用しているのです。

諸行無常

不安は受け流す

起きてもいないことを気にしすぎない

私の発信するポッドキャスト「こまった時の聴きこみ寺」に、「不安」に関するご相談をいただいたことがあります。

仕事のことや将来のことなど、漠然とした不安が頭をよぎるのだそうです。きっと多くの方が経験される感覚だと思います。

「不安」は、「分からない」ときに起こります。将来のことや、生まれる前のこと、死んだあとのことなどは、誰に聞いても分かりません。すると、「どうなるんだろう？　大丈夫なのか？」と不安な気持ちが湧いてきます。

こうして相談された私だって、不安になることはあります。

ですが、そういうときには坐禅を組み、ひとつの思考として受け流すようにしています。

お釈迦様は仏教の教え「四法印」の最初に「諸行無常」を説かれています。これは、**世の中のものごとは、良いことも悪いことも全て移り変わる、すなわち、「常なるものなんてない」**ということです。

そして、自分の気持ちも不変なものではなく、「無常」です。だから、あまり気にしてもしかたがないのです。

それよりも、どうして自分は不安になるのかを考えてみてはどうでしょう。

たとえば、将来に不安を感じるのは、「今の仕事を失いたくない」からかもしれません。あるいは、「自然災害で家族がバラバラになりたくない」からかもしれません。

こうして突き詰めてみると、「不安」の前提にあるものには、なんらかの対処ができるものもあります。

「仕事を失いたくない」なら、会社から評価されるような資格を得たり、会社に貢献できるような行動をとったりすることで、不安の度合いは変わるでしょう。また、不測の事態でも家族で連絡が取り合えるようにしておけば、バラバラになる不安も解消されるでしょう。

万一に備えて手を打っておくことは大事ですが、起きてもいないことをいつまでも考えるのはやめましょう。

ケ・セラ・セラ。人生、なるようになれ。

そのくらいで構えていたほうが、心は穏やかでいられそうです。

禅僧の教え 7

良いことも、悪いことも、全て移り変わる。
すなわち、「常なるものなんてない」。
そして、自分の気持ちも不変ではなく、「無常」。
だから、あまり気にしてもしかたがない。

人生は意外と短いもの。大切な時間を「不安」にとらわれているのは、もったいないと思いませんか?

運命と宿命

占いは気にしない

運命は、自らの手で変えられる

不安は分からないから起こる。では、全てが明らかになれば心穏やかで幸せなのでしょうか。私は、そうともかぎらないと思っています。

人生には、分からないからこそ面白いこともたくさんあるのです。

中国の古典『陰騭録《いんしつろく》』に、このような話があります。

昔、袁学海《えんがっかい》という代々、医術を家業とする家に生まれた男がいました。

ある日、医学を学ぶ彼のもとに頰髭の立派な老人が訪ねてきて、学海少年が将来、立派な役人になることや、試験で合格する順位、若くして地方長官に任じられることなどを預言したのです。さらには、「結婚はしますが、子どもさんはできません。そして、53歳で亡くなる運命です」と話しました。

これを聞いた学海少年は、医者の学問をやめ、役人の道へ進みます。

すると彼の人生は、恐ろしいくらい老人の言ったとおりになっていきました。

その後、袁学海は、雲谷禅師《うんこくぜんじ》という素晴らしい老師がいる禅寺を訪ね、相対して3日間坐禅を組みました。禅師に坐禅を褒められたとき、袁学海は子どものときに出会った老人のことを話したのです。

「私の人生はその老人の言葉と一分の狂いもありませんでした。全て老人が言ったとおりです。子どももできませんし、おそらく53歳で死ぬでしょう」

その話を聞いた雲谷禅師は一喝しました。

「悟りを開いた素晴らしい男かと思ったら、そんな大馬鹿者だったのか。老人があなたの運命を言ったというが、運命は変えられないものではない。善きことを思いなさい。そうすれば必ず、あなたの人生も好転していきます」

そう言われた袁学海は、思いを改め、日々善いことを重ねるように努めました。その後、袁学海は73歳まで生き、できないと言われた子どもにも恵まれました。

自分の意志ではどうにもならないこと。たとえば、生年月日や生まれる場所などは選ぶことができません。これを「宿命」といいます。

どんな人生を送るのかという問題は、よく「宿命」と混同されがちですが、これは「宿命」ではなく、「運命」です。

「運命」は自らの手で切り拓き、変えていくことができるのです。

皆さんはどうでしょうか？　かつての学海少年のように、未来を決められた「宿命」だと受け入れますか？　それとも、自らの力で切り拓いていきますか？

私には、後者の人生のほうが面白く感じられます。

禅僧の教え 8

運命は変えられないものではない。善きことを思いなさい。そうすれば必ず、あなたの人生も好転していきます。

だから、私は占いを気にしません。
手相を見てもらう前に、両手があるだけで感謝なのです。
何月何日に生まれたかより、この世に生まれただけで感謝なのです。

リトリート

自分と向き合う時間をとる

人生を豊かにする「心の洗濯」

私は僧侶ですから、朝の日課で坐禅を組んだり、お経を上げたりしますが、一般の方にはなかなかそういう機会はないものです。

もちろん、自宅でも坐禅を組むことはできますけれども。

日々の暮らしに忙殺されていると、自分のことを置き去りにしがちです。意識的に時間をとらないと、自分と向き合うのは難しいかもしれません。

ハワイで開教師をしていた頃、ハワイ島（ハワイで一番面積の大きい島）で行われた「リトリート（Retreat）」に声をかけてもらったことがあります。

リトリートとは、忙しい日常から離れて宿坊で坐禅やヨガなどをして過ごすことで、簡単にいうと「心の洗濯」です。

誘っていただいたリトリートは、ベトナムの僧侶でフランスに亡命しているティック・ナント・ハンさんの弟子や信者たちが全米各地で不定期に開催しているものでした。

参加して、まず驚いたのが、開催された場所の広さ。

土地の所有者が牧場を持っていて、聞いてみると日本の千葉県と同じくらいの敷地だと教えてくれました。どこまで行っても牛や馬しかいません。ここで２泊３日、朝５時に起きて、メディテーション（瞑想）、完全ベジタリアンフード、ヨガ、ウォーキング、坐禅、リラックスタイム（読書や昼寝）を繰り返します。

およそ５００ドルと、参加費用も安くありませんが、メインランド（アメリカ本土）をはじめ、アジア、南米などから多くの参加者が集まりました。

リトリートで大切なのは、「人の静寂を乱さないこと」。つまり、必要以外のことはしゃべらないことです。話しかけるときも、まず「エクスキューズミー」と断ってから話しかけなければなりません。

私たちは、普段、ＴＶ、ラジオ、インターネット、映画、音楽、騒音、人声など相当な雑音の中で暮らしています。それらから離れて、ハワイの暖かい偏西風と犬の鳴き声、風の音を聞いて過ごしていると、本当に、心が洗われたような気分になります。

さまざまなものや情報に囲まれて、便利に過ごしていると思っていたけれど、それは本当に便利で幸せなの？

何か大切なことに気づかされるような、有意義な時間でした。

禅僧の教え 9

仏教では、自然と書いて、「じねん」と読みます。
それは、「あるがまま」ということです。
リトリートは自分と向き合い、
自然を感じる時間といえます。
それは、禅の修行とも通ずるものがあります。

皆さんも、いつもの便利な生活から少し離れてみてはいかがでしょうか。
静けさをお金で買うことをお勧めするわけではありませんが、こうしたお金と時間の使い方も、人生を豊かにする選択肢のひとつではないかと思います。

因果応報

善い行いを心がける

善い行いが豊かな人生をつくる

お寺の小僧として虎ノ門のお寺にいた頃から数えると、すでに1000件以上のご葬儀に関わらせていただいたことになります。

僧侶ですから当然かもしれませんが、こういう経験から、「人のいのちに明日の保証はない」という思いが強くなりました。

ハワイで開教師をしていたときには、昨日元気に茶飲み話をしていたおばあちゃんが、今朝亡くなったということもありました。

笑顔で挨拶を交わした方が、数時間後に事故で亡くなったこともあります。

だから、人生は意外と短いと思うのです。

そんな私が、普段心がけていることを、いくつかご紹介したいと思います。

まず、**今日できることは、全て今日中にやるようにして、明日にのばさない**ようにします。もしかしたら、明日はないかもしれないのですから。

運良く明日も元気に生きられたとしても、明日の自分は、今日の自分の上に成り立っているものです。

人生は、善い行いをすれば良いほうへ向かっていきますから、やはり一生懸命生きることが大切なことには変わりありません。

次に、**テレビを極力見ません。**

嫌いというわけではありませんが、テレビを見ている時間がもったいないと思うのです。それよりも、興味のある書籍を読んだり、映画やライブ、演劇に行ったり、講演会やセミナーに参加したりするようにしています。

もともとアクティブな性格なので、自分が「この人の話を聞きたい」と思ったら、できるだけ本人に会いにいくようにもしています。

この世の中は全てがつながっているのですから、一つひとつの出会いを大切にしていきたいと思っています。

三つ目に、**「好きなこと」をします。**

お寺の息子として生まれた私は、最初は僧侶の仕事が嫌で仕方ありませんでした。でも、この仕事で素晴らしい方々に出会ったことで、「生き甲斐」を感じるようになりました。もはや「仕事」というよりも、「好きなこと」をさせていただいている感覚です。「好きなこと」をするのは楽しいものです。楽しさは人を前向きにし、さらに成長を重ねるパワーをくれます。

四つ目に、**毎朝5時に起きて坐禅、お経を読みます。**

坐禅というと苦行をイメージされる方もいますが、私たち曹洞宗の開祖、道元禅師は、「坐禅は安楽《あんらく》の法門《ほうもん》なり」とおっしゃっています。

つまり、坐禅は安らぎと楽しみなのだと。

本山の修行から20年も続けていますが、私にとっては頭が整理される崇高な時間です。

お経では、ご先祖様への感謝を述べ、世の中、そして周りの方々、家族の、平和と安寧を祈ります。

これもまた、心を磨く大切な時間です。

五つ目に、**掃除をします。**

私が超キレイ好きということもありますが、本当によく掃除をします。これは、永平寺の修行時代の成果かもしれません。

永平寺では、毎朝3時に起床して、朝の坐禅、朝課（お経）、食事、作務《さむ》と、やることが全て決まっています。その中で1日に3回。多いときは4回掃除をします。常時200人から250人近い修行僧がいて、毎日掃除をしていますから、塵などほとんどありません。

ですが、毎日掃除をすると、心もスッキリします。ぞうきんを絞り、バケツの水を捨てるたびに自分の中の汚れも流れていくような感覚になってきます。**人は自分の動作を通してしか、心をきれいにすることができないのです。**

永平寺では、掃除のような労働を「作務」と呼び、「動く坐禅」として永平寺では大切にしています。坐禅では足を組んで己を見つめることで、心と体がひとつになるのですが、全神経を研ぎ澄まし、心を込めて作務（掃除）をすると、掃除と自分がひとつになることができると考えています。

お部屋を磨くことは、自分の心を磨くことにつながるのです。

先ほども書きましたが、善い行いをすると良い報いが、悪い行いをすると悪い報いがもたらされるのです。仏教では、それを「因果応報の法則」として教えています。

より豊かな人生は、自分の行いによってつくりだしていくことができます。難しく考えず、できることから始めてみませんか。

禅僧の教え 10

いわゆる坐禅は習禅《しゅうぜん》には非《あら》ず。ただこれ安楽の法門なり。

坐禅は何かを習得するための手段ではなく、それそのものが安らぎと楽しみ。そして、お経は心を磨く大切な時間です。掃除は心を込めて行うことで、掃除と自分がひとつになります。

第 2 章

喜捨

——ためこまない生き方

喜捨

執着を捨てる

喜んで手放すと良いことが起こる

仏教に「喜捨《きしゃ》」という言葉があります。

読んで字のごとく、「喜んで捨てる」という意味です。文字だけ見ると、何でもかんでも積極的に捨てるような印象も受けますが、家の中のものをポンポン捨てるということとは、ちょっと意味が違います。

喜んで捨てていただきたいのは、己《おのれ》の「執着」です。

人は生きているかぎり、多かれ少なかれ、さまざまな執着を抱いているものです。自分が大切にしているものほど、手放すのは辛い。そのものに対するさまざまな思いがはたらいて、捨てることをためらわせるのです。良くも悪くも、執着しているということだと思います。

では、あなたは一体、どんなものに執着があるでしょう？

あなたにとって、一番大切なものはなんでしょう？

現代社会では、「大切なものは？」と尋ねると、「お金」を連想する人も多いと思います。ある意味、これはとても自然な考え方ですよね。どんな人でも生きていくためには、ある程度のお金が必要なのですから。

お金が十分にあれば、大抵のものは手に入るし、夫婦喧嘩のタネも減らすことができます。万能に使えるものだからこそ、余計に手放すのが惜しくなるのかもしれません。

お寺や神社のお布施でも、お金に対する執着からトラブルに発展することがあります。お金に思いを残したまま納めると、「取られた」という気持ちになるのです。

喜捨は、納めることが喜びにならなければ、本当の喜捨とはいえません。お金に念（心）を残したままだと、それこそ、残念な結果になってしまうのですね。

お釈迦様の教えに、「等三輪空寂《とうさんりんくうじゃく》」というものがあります。「人に何かを与えるときは、与える人（自分）、与えられる人（相手）、与えるもの（内容）に執着してはいけない」ということです。

それぞれが執着を持たないで行うという姿勢が、喜捨の根底にあるのです。

もちろんお金のことだけではなく、誰かにものをあげたり、誰かのために何かをしたりすることも同じです。

「これだけしてあげたのだから、このくらいはしてくれるよね？」

と自分の行為に執着しているうちは、なかなか心が安らかにならないものです。

「相手が喜んでくれるなら、それで良い」

くらいの気持ちのほうが、自分の行為を素直に楽しめるし、人のために何かをすることに抵抗がなくなります。

世の中、因果応報です。善いことをすれば、良い結果が戻ってきます。人のために何かをすることは、必ず自分のためになるはずです。

ちなみに、神社やお寺でお賽銭を入れるときも、

「このお金を入れるのだから、私の願いを叶えてね」

などと、執着いっぱいのお祈りをするのはやめたほうがいいと思います。

神様や仏様は、執着が好きではありません。それよりも、

「家族のため、世のため、人のために私ができることを一生懸命頑張ります。どうぞ見守っていてください」

とお祈りしたほうが、願いは叶いやすいと思います。

神仏に感謝し、自分に感謝し、全てに感謝する。そんな気持ちで、ぜひ一度試してみてください。「あれも、これも」とお願いしたときよりも、清らかで満ち足りた気持ちになれますよ。

禅僧の教え 11

人に何かを与えるときは、与える人（自分）、与えられる人（相手）、与えるもの（内容）に執着してはいけない。

誰かにものをあげたり、何かをしてあげたりするときは、見返りを求めるべきではありません。「相手が喜んでくれるなら、それで良い」という境地に達すれば、心は安らかになります。

陰徳

他人を助ける

ハワイの日系移民がくれた優しさ

私が曹洞宗の開教師として、ハワイ・オアフのパールハーバーのお寺に赴任していたとき、檀家さんには、福島県出身者、特に相馬市から移民された方が多かったようです。

ハワイへの移民政策は、1885年にハワイと日本の両国間で締結された「日布移民条約」から本格化したといわれています。

日本はまだ明治時代、「ハワイに渡れば、砂糖が死ぬほど食べられるよ」との話に、胸を膨らませて海を渡ったようですが、待っていた現実は希望とは程遠く、朝から晩まで奴隷のように働いても日給はたった1ドルだったそうです。

そんな苦労をした一世、二世の人々はすでに他界し、現在のハワイ移民は三世、四世が主流となっています。日本語も、聞くことはできてもうまく話せないという人もいます。それくらい移民の皆さんがハワイに定着しているということですが、それでも、一世の方たちが持ち込んだ文化や風習は色濃く残されています。

たとえば、お盆の時期には、「棚経《たなぎょう》」（201ページ参照）といって、各檀家宅のお仏壇の前でお経を上げさせていただきますし、棚経でお宅を訪問した際に、居間に今上天皇ご一家の写真が飾られているのをよく目にします。

また、お寺などで開かれていた日本語学校の影響で、ほとんどの二世は教育勅語を暗唱していましたし、当時からの「天皇陛下を敬い、家族や兄弟を大切にする」という精神は、今も守り続けられているように思います。

赴任した当時は驚きましたが、遠い地にいるからこそ、日本への思いは強く、日本人としてのアイデンティティを大事にしているのだと感じました。

少し前、私が購読している雑誌に、そんなハワイ移民の方のお話が出ていました。寄稿されたのは、天台宗ハワイ総監の荒了寛《あらりょうかん》ご住職です。ハワイに赴任している間、私も何度か了寛先生にお目にかかったことがありますが、穏やかな人柄で、とても素敵な僧侶という印象の方でした。

きっと了寛先生も感動されて、このエピソードを書かれたのだと思います。私も読んだとき、強く胸を打たれました。

それはハワイ移民のある母親と娘のお話です。

母親はとても苦労して娘さんを医学部に進学させ、娘さんは晴れて医者になることができました。そして、同じ医者である男性と婚約し、結婚する予定だったそうです。

そんなとき、日本で東日本大震災が起こったのです。

震災後、娘さんは母親を訪ね、真剣な顔つきでこう母親に告げました。

「お父さんとお母さんは貧しかった。だから私は、二人の分まで立派な披露宴をして、喜んでもらおうと思っていたの。でも、日本で大変なことが起きてしまったでしょ。いろいろ考えたけれど、披露宴は中止して、これまで貯めてきた数百万円を被災地に寄附しようと思うの」

きっと、お母さんも「それがいいわね」と答えたに違いありません。

震災のとき、こういったことを考えた人は、ハワイの至るところに、いえ、ハワイだけでなく、ペルーやブラジルなど、多くの日系移民の子孫たちが暮らす場所で存在したと思います。

遠い異国の地にあって、なおも日本人としてのアイデンティティを大切にしている彼らだから持ち得る優しさなのでしょう。

この娘さんが被災地の人から直接、恩義を受けたことはないでしょう。でも、知らない誰かを彼女は「助けたい」と思い、貯めてきた大切なお金を使ったのです。

これこそ、喜捨だなと思いました。

見ず知らずの日本の誰かのために喜捨をする日系の孫世代、ひ孫世代の方々の存在を、私はとても誇らしく感じます。

禅僧の教え12

人知れず、黙って善い行いをすることを「陰徳《いんとく》を積む」といいます。見返りを期待せず、感謝を求めず、相手の反応に執着を持たない姿勢こそ、まさに、喜捨なのです。

喜捨は、簡単にできそうで、実はなかなかできません。しかし、人を大切にする人は、人からも大切にされると思います。その行いは、さまざまに形を変えて大きな幸福感につながっていくのではないでしょうか。

お布施と三毒

イライラする気持ちを洗い流す

布は何度も洗えば色が落ちて無垢になる

「喜捨」と同様、お寺に寄附をするときに「布施《ふせ》」という言葉もよく使います。仏様の前に捧げるのだから「ご仏前」でも良さそうなものですが、なぜ「お布施」なのでしょう。

お布施の「布」は、その文字のとおり、布地を意味するものです。

古来、衣服はとても貴重なものだったので、亡くなった人の衣服も遺族が大切に縫い直して着ていました。また、良い説教や導きを授けてくれた僧侶に対しても布地を差し上げたりしていたそうです。

なぜ布なのかといえば、布は何度も洗うことで色が落ちて無垢になり、無垢になればなるほど、色に染まりやすくなる。それは、仏教の修行と同じだと考えられていたからです。

布のように自分の精神を何度も洗い、身と口と心（三毒）を清浄にしてゆくことが、安心《あんじん》を得るためにとても大切であるとされていたのです。

仏教でいう「三毒」とは、貪《とん》・瞋《じん》・痴《ち》のことです。この3つの心の毒が、私たちの善の心を最も害すると教えています。

「貪」は、貪《むさぼ》ること。あれこれと欲し、執着する心です。

「瞋」は、怒ること。自分の思いどおりにならなかったり、欲するものが手に入らなかったりしたときに怒る心です。

「痴」は、無知なこと。欲しいものを手に入れるため、道理を忘れる人もいます。正しい道から外れそうになる愚かな心が「痴」です。そして、そういった愚かな心が、また「貪」を呼び起こすとも考えられています。

これらを全て捨てさるのは、なかなか難しいことです。

でも、布を洗うように、「よし、このイライラを洗ってしまえ」と思えると、なんだか少し楽になる気がしませんか。

布を洗うイメージが、心を鎮めるきっかけになれば、それはそれでよいと思います。

お釈迦様の教えに「自未得度先渡他《じみとくどせんどた》」というものがあります。意味は、「自分が先に悟りを開いてあの世（悟りの世界）に行くよりも、他の人を先にあの世に導こう」というものです。

日常の些細な出来事であっても、心の三毒を洗い流し、周りの人に「どうぞお先に。よかったら手伝いましょう」と言える心の余裕、こんな行為をお釈迦様はきっと褒めてくださると思います。

禅僧の教え13

自分が先に悟りを開いて
あの世（悟りの世界）に行くよりも、
他の人を先にあの世に導こう。

布を洗うように「心の三毒＝貪《とん》（貪ること）・瞋《じん》（怒ること）・痴《ち》（無知なこと）」を洗い流し、そして周りの人に、「どうぞお先に。よかったら手伝いましょう」と言えるような心の余裕を持ちましょう。

本証妙修と十善戒

戒律を守って生きる

無垢になった心を仏色に染める

仏教の修行では、布地のように無垢に洗い上げた心を、何色に染めていくと思いますか？　そのことについて、少しお話ししていきましょう。

私たち曹洞宗では、鎌倉時代の道元禅師を宗師と仰ぎ、「本証妙修《ほんしょうみょうしゅう》」という教えを基本にしています。「本証妙修」とは、

❶懺悔滅罪《さんげめつざい》
❷受戒入位《じゅかいにゅうい》
❸発願利生《ほつがんりしょう》

❹行事報恩《ぎょうじほうおん》

の4つの教えのことです。この❶と❷を「本証」といい、❸と❹を「妙修」と呼んでいます。もう少し分かりやすく説明すると、人は、

❶「懺悔することで」→「自分の罪を滅する」
❷そして、「戒を受けることで」→「仏の弟子になり位を得る」
❸さらに、「願を発することで」→「他を利することに歓びを感じ」
❹最後は、「事を行うことで」→「先人たちの恩に報いんとする」

ということになります。❷ですでに仏の地位を得たうえで、さらに修行をするという内容ですが、多少の誤解を覚悟で言うならば、それは「仏らしい心」を持って修行にあたるということだと思います。

戒を授かったばかりの状態は、仏とはいえ、無垢の布のように真っ白。その状態から、修行で自らを仏色に染め上げていくのです。

そのとき、修行の道しるべとなる「戒律」が、次にご紹介する「十善戒《じゅうぜんかい》」です。

不殺生《ふせっしょう》……むやみに生き物を傷つけない
不偸盗《ふちゅうとう》……ものを盗まない
不邪婬《ふじゃいん》……男女の道を乱さない
不妄語《ふもうご》……うそをつかない
不綺語《ふきご》……無意味なおしゃべりをしない
不悪口《ふあっく》……乱暴な言葉を使わない
不両舌《ふりょうぜつ》……筋の通らないことを言わない
不慳貪《ふけんどん》……欲深いことをしない
不瞋恚《ふしんに》……耐え忍んで怒らない
不邪見《ふじゃけん》……まちがった考え方をしない

そしてこれを**四恩《しおん》（国家、社会、三宝《さんぽう》、父母）**に対して行います。

三宝とは、「仏（悟りを開いた人）・法（その方々の教え）・僧（その教えを実践する仲間）」のことをいいます。つまりは、ありとあらゆるものごとに対して十の戒律を守っていくということです。

一つひとつの内容は、私たちの日常でもよく見受けられるものですが、それだけに、全てを完璧に守ることは難しいともいえます。それゆえに私たちは修行をしますが、皆さんが生きていくうえでも参考にしていただけるのではないでしょうか。

ひとつふたつと、できることを心がけるのは、それほど難しいことではないでしょう。より良く生きようと思う姿勢が、まず大事なのです。

禅僧の教え 14

懺悔することで、自分の罪を滅する。
戒を受けることで、仏の弟子になり位を得る。
願を発することで、他を利することに歓びを感じ、
事を行うことで、先人たちの恩に報いんとする。

こうした修行を行う際の道しるべとなる「戒律」が「十善戒」です。

授戒

「戒名」ってなんだろう

生前に戒名を授かるということ

前の項でお話しした「本証妙修」の教えを実践するうえで、大切な行事があります。それが「授戒会《じゅかいえ》」です。

「授戒」とは、仏様から「戒法《かいほう》」を授かり、仏の弟子の仲間入りをすることです。

そして、「授戒」した人に与えられる名前が「戒名《かいみょう》」です。

「戒名」というと、人が亡くなったとき、葬儀でお位牌に書かれる名前のことだと思っている方が多いと思いますが、「亡くなったからいただく」わけではなく、「戒」を授かったからいただくものなのです。

瑞岩寺でも、正式な「授戒式」を行いたいと思っているのですが、大きな規模で行われるものなので、地方の一寺院ではなかなかできません。

そこで、数人の希望者を募ってミニ「在家授戒（得度式《とくどしき》）」を行っています。このときは住職が戒師（仏様に代わり戒を授ける人）となり、それぞれに戒名をお授けします。

生きている間に別の名前を受け取るのは不思議な感じがするかもしれませんが、私は、戒名は生前に受けるのがベストだと考えています。

自分の尺度で生きるのは、一見自由に見えて、実は自分の執着とたたかわねばならず、意外と苦しいものなのです。「あれもこれも」と抱え込むうちに、大切なものまで見失ってしまうことにもなりかねません。

一方、**仏教には2500年も前から「これはいい。これはダメ」と受け継がれてきた「生きる道筋＝戒」があります。**「戒を守る」と決めて生きることで、考え悩むことも少なくなり、楽に生きていけると思うのです。

禅僧の教え15

「戒名」とは、仏様の教え（戒法）に則って生きると決めた人に授けられる名前です。多くの先人によって伝えられた仏様の教えには、人生をより良く、より幸せに生きるためのヒントがたくさんあります。

普段の生活の中で、「そうだ、授戒しよう！」などと思い立つことはないでしょうが、本書で仏教の教えに興味をお持ちになった方は、ぜひお寺にいらして、ひとつでもふたつでも仏の教えに触れていってください。

布施波羅蜜

まず、自分を好きになる

自分を肯定できれば、他人にも愛情を注げる

「どうせ、私がいなくても関係ない」

他の人とうまくつき合おうと思いながら、できないこともあります。人生、思いどおりにはいかないものですね。

でも、お釈迦様も、「人生全て自分の思いどおりにはならない」とおっしゃっています。お釈迦様でさえ、そうなのです。私たち凡人にできないのは当たり前です。

では、人から愛される人になるには、どうすればよいと思いますか？

それには、まず、自分を愛してあげることが大切です。

そのままの自分を受け入れ、好きになることが必要なのです。

「そのままの自分を受け入れる」というのは、今の自分に感謝し、満足するということです。つまり「こんな自分でよかったじゃない」と、自分を肯定することが大事なのです。

世の中は、全て思いどおりにならないのですから、自分のことも思いどおりにはなりません。そんな自分でいいんだと認めてしまいましょう。

自分のことを認められると、徐々に自分を好きになります。すると、他の人にも愛情を向けることができるようになるのです。

自分をコップに置きかえると分かりやすいと思いますが、心の中にあるコップが満たされたあと、溢れ出た愛情がほかの人に向けられるということです。

あとは、自分の周りを興味深く見回してみることです。

あなたが関心を向けると、相手もあなたに関心を持つようになり、コミュニケーションが回りはじめます。そして、自分を愛したように、その人に愛情を注いでみてください。それは、見返りを求めない、「無償の愛」です。

「欲しい」と思うから、「逃げる」んです。

愛情のコップを一杯にして、欲望や執着のコップを「空」にすることをイメージしてください。「真空」の場所に空気が吸い込まれていくように、あなたの「空」のコップにも、人も、物も、お金も集まってくると思います。

72ページでも述べましたが、仏教ではこれを、「等三輪空寂」の教えといいます。与える人、与えられる人、与えるもの、の3つがそれぞれに執着しないこと。それこそが一番尊く、また清浄で清らかだと教えているのです。

禅僧の教え16

私たちが、悟りを開き、涅槃の境地に至るための修行を、「六波羅蜜《ろくはらみつ》」といいます。その最初に出てくるのが「布施」です。等三輪空寂は、布施波羅蜜《ふせはらみつ》の姿勢を説いています。

六波羅蜜とは、布施・持戒《じかい》・忍辱《にんにく》・精進《しょうじん》・禅定《ぜんじょう》・智慧《ちえ》の6つの修行のこと。布施は、人に対して無償の愛を贈ること。喜捨と同じ意味で使われます。そして無償の愛は、他人にだけ向けられるものではありません。自分に対して愛情を注ぐことも布施なのです。

精進波羅蜜

小さな成功体験を積み重ねる

継続は力なり。できることから少しずつ行う

私は、瑞岩寺の副住職を務めながら、お寺に併設している毛里田保育園の園長兼理事長でもあります。

祖父の代に立ち上げた保育園には57年の歴史と伝統があります。子どもらの成長を見ていると、子育てに時代の変化はあっても基本は変わらないと感じます。

大人でもそうですが、子どもだって、人から言われたことはやりたくないですし、身につきにくいものです。本当に身につくのは、やはり、自分から「やりたい！」と思ったときです。

毛里田保育園では、「Ｙｏｋｏｍｉｎｅ式」という教育プログラムを取り入れています。考案された横峯さんは、実は、プロゴルファーの横峯さくらさんの叔父さんなのだそうです。

横峯さんは、鹿児島の志布志市というコンビニもない小さな田舎町で保育園を3園運営されているのですが、ここがとても人気。東京や大阪から移住して入園するお子さんがいるほどの保育園です。

私も何度も伺いましたが、園児たちの様子には驚愕しました。

子どもたちは、毎日自学自習をし、辞書引きをします。そして、全員が絶対音感を身につけ、逆立ち、側転、跳び箱11段、三点倒立などができます。

そこで行われている幼児教育の基本は、「才能開花の法則」なのです。

できることは面白い。

面白いから練習する。

練習するから上手になる。

上手になると大好きになる。

そして、次の段階に行きたくなる。

この法則にそって、良い意識のスパイラルがどんどん上昇していきます。

そして、このようなスパイラルに子どもを乗せるには、小さな成功体験（スモールサクセス）の積み重ねが重要です。「できる」から、次に進みたくなるのです。


これは大人でも同じです。成功体験を重ねていくと、ものごとに熱中して取り組むことができるようになります。まずは小さなことからでも、できるだけたくさんの成功を体験するように心がけてみましょう。

たとえば、「いつもより電車を一駅手前で降りて歩いて帰る」でもいいし、「今日の昼食は野菜を中心にする」でもいいでしょう。できることから少しずつ、そして徐々にハードルを上げていくとよいと思います。

先ほど、「六波羅蜜」という言葉をご紹介しましたが、6つの修行のひとつに、「精進波羅蜜」という修行があります。精進は、懸命に努力することをいいます。

「継続は力なり」といいますが、日々精進を続けると、知らず知らずに大きな力がついてくるもの。子どもの成長を見ていると、そのことを実感します。

禅僧の教え 17

**仏教でいう「精進」とは、
仏道修行に一生懸命励むことをいいます。
それは、他人よりどれだけ優れているかを
競うことではなく、自分自身が
どれだけ頑張っているかということです。**

自分の人生の主人公は自分です。だからこそ、「精進」が自己成長につながるのです。

言霊

口に出す言葉を意識する

日々の言葉があなたの人生をつくる

なにげなく言ったひとことで、誰かを怒らせたり、悲しませたりしたことはありませんか？　そんなつもりではなかったとしても、誰かを傷つけてしまったとしたら、とても残念なことですね。

言葉は一度口から出ると、回収することができません。それだけに、発する「ことば」を意識することも大切でしょう。

かのマザー・テレサさんはこうおっしゃています。

「思考に気をつけなさい、
それはいつか言葉になるから。
言葉に気をつけなさい、
それはいつか行動になるから。
行動に気をつけなさい、
それはいつか習慣になるから。
習慣に気をつけなさい、
それはいつか性格になるから。
性格に気をつけなさい、
それはいつか運命になるから」

そのとおりだと思います。

日々の言葉、行動、想いが「あなた自身」の人生を形成していくのです。

道元禅師もこうおっしゃっています。「言葉を口にする前に、その言葉を自分の心の中で3度反芻して、それが自分のために、そして相手のためになるかどうかを十分に考えてから言いなさい。ためにならないと思ったら、その言葉は口にすべきではありません」

口に出す前にもう一度、相手への思いやりのある言葉かどうかを吟味してから話す習慣を身につけられるとよいかもしれません。

禅僧の教え 18

学道《がくどう》の人、言《ことば》を出《いだ》さんとせん時《とき》は、三度顧《みたびかえりみ》て、自利利他《じりりた》の為《ため》に利《り》あるべければ、これを言《い》ふべし。時《とき》なからん時《とき》は止《とど》まるべし。

道元禅師は『正法眼蔵随聞記』でこうおっしゃっています。「言葉を口にする前に、その言葉を自分の心の中で3度反芻して、それが自分のために、そして相手のためになるかどうかを十分に考えてから言いなさい。ためにならないと思ったら、その言葉は口にすべきではありません」

愛語

言葉の裏にある気持ちを思いやる

言葉よりも大切なものがある

言葉を話すこともそうですが、言葉を受け取るときの姿勢も、同じくらいに大事です。よく「言葉にしてくれないと分からない」などといいますが、私は自分の体験から、「言葉にしてくれても分からない」ことがあると思っています。

ある日、法事が終わって自宅に帰ると、いつもと何かが違いました。「ただいま」と声をかけても誰の返事もありません。玄関を上がって妻と子どもの姿を探しましたが、誰も家におらず、家の中は静まり返っていました。みんなで夕飯の買い物に出かけたのだろうか。

そう思ってキッチンに行ってみると、なんと、冷蔵庫がなくなっていました。

「？？？」

なぜ、あんなに大きな物がなくなっているのか。一瞬理解ができなかったのですが、その足で子どもの部屋に行ってみて、理由が分かりました。

妻と子どもは出ていったのです。今から3年ほど前の出来事でした。

自分でいうのもなんですが、私はそれほどひどい男ではありません。

妻に暴力を振るったことなど一度もないし、罵ったことだってありません。できるだけ、妻の希望に応えようと努めてきたつもりです。

だから、そんなに嫌われる理由が、私には皆目見当がつきませんでした。

そこで離婚のとき、理由を妻に聞いてみました。すると返ってきたのは、

「あなたは、なんでも自分で決めてしまう」

という言葉でした。自分は決してワンマンな亭主ではないと思っていましたが、いくつか思い当たることはありました。

そのひとつが家の電球の取り替えです。

「あそこの電球が切れちゃった」と妻に言われると、「じゃあ、交換するよ」と言って、私が替えます。背の低い妻が交換するのは大変だろうと、自ら交換を買って出ていましたが、実は、これがいけなかったのです。

「電球が切れた」のは、もちろんまぎれもない事実ですが、正直、妻でも電球は取り替えることができます。子どもたちだって、言えばそのくらいの手伝いもできたでしょう。

それでも妻が私に言ってきたのは、その言葉を通して「もっとコミュニケーションをとりましょう」と伝えたかったからなのです。

電球をきっかけに、子どものこと、家のこと、いろんなことを私と話したい。そんな想いが込められていたのだと、離婚をしてから気づきました。

妻がなぜ、わざわざ自分の帰りを待ってまで、電球の交換を頼むのか。そのことに気づいていたら、家族の未来は変わっていたかもしれません。

仏教用語に「愛語《あいご》」という言葉があります。人に対して心を込めた言葉をかけるという意味で使われます。

心を込めた言葉とは、決して優しい言葉ばかりではありません。相手のためになる言葉なら、ときには厳しい言葉を発しなくてはいけないこともあるでしょう。

当時の私たちには、「愛語」の姿勢が足りなかったのかもしれません。

今は、私に大切なことを気づかせてくれた元妻に、心から感謝しています。

人というのは、言葉に出さないと分からない生き物です。

そして、その言葉は、他に真意が隠された言葉かもしれません。

夫婦でも、親子でも、あるいは友人、仕事の関係者などでも。

大切なのは、言葉に寄り添うことでなく、気持ちに寄り添うことなのです。

禅僧の教え 19

「愛語《あいご》よく廻天《かいてん》の力《ちから》あることを学《がく》すべきなり」

道元禅師の遺された言葉です。
言葉には、天地をひっくり返すほどの力があります。
人の人生を左右することにもなります。

いつも奥さんから言われるままに家事をしている男性諸氏には、ぜひとも私の体験を参考にしていただきたいと思います。相手のためになる、心を込めた言葉、ちゃんと使えていますか?

五観の偈

「いただきます」「ごちそうさま」と言う

私たちは多くの「いのち」に生かされている

言葉の話題をもう少し続けさせてください。

食事のときに、皆さん「いただきます」と言いますよね？　この言葉の本来の意味をご存じですか？

以前、新聞か何かで、レストランに食事に出かけた親子の話が出ていました。お料理が運ばれてきて、子どもが「いただきます」と言うと、母親は「いいのよ。お母さんがお金を払ってるんだから、いただきますなんて店員に言う必要ないの」と言ったとか。

周囲で聞いていた人も、きっといい気分はしなかったでしょうね。

それに、この母親は、根本的に「いただきます」の意味が分かっていません。

国語の文法的には「いただきます」は、「もらう」や「受ける」の謙譲語になります。ですから、食事を出していただいた店員さんに謙譲する意味もあるのですが、もうひとつ大事な意味があります。

仏教では、食事というのは、食材となっている米、麦、野菜などの植物や、牛やブタ、鳥、魚といった動物など、全ての食材の「いのち」をいただいていると考えます。

だから、本来省略しないでキチンと言えば、「あなたのいのちを、私のいのちにさせていただきます」なんです。

それは**「いのちのお布施」**ともいえます。そして、仏様や神様にお供えしたものを上から頂いたので、「頂《いただ》きます」なんです。

スーパーに行けば肉も魚も切身でパックされ、野菜もカットして売られる時代です。食べ物が生き物であることを意識せずに買い物ができてしまいます。大人でもそうですから、子どもたちはもっと、「いのち」をいただくという考えには結びつかないでしょう。

曹洞宗のお寺では、食事作法について厳しい決まりごとがいくつもあります。その一番簡単なものに「五観《ごかん》の偈《げ》」というのがあります。毛里田保育園の園児たちは、食事の前にみんなかわいい手を合わせて（合掌）、暗唱した言葉を次のように唱えます。

一つには功《こう》の多少《たしょう》を計《はか》り彼《か》の来処《らいしょ》を量《はか》る。
二つには己《おのれ》が徳行《とくぎょう》の全欠《ぜんけつ》を忖《はか》って供《く》に応ず。
三つには心《しん》を防《ふせ》ぎ過《とが》を離《はな》るることは貪等《とんとう》を宗《しゅう》とす。
四つには正《まさ》に良薬《りょうやく》を事《こと》とすることは形枯《ぎょうこ》を療《りょう》ぜんが為《ため》なり。
五つには成道《じょうどう》の為《ため》の故《ゆえ》に今《いま》この食《じき》を受《う》く。

意味は、以下のとおりです。

❶この食事ができた経緯に思いを馳せ、食事に関わってくださった多くの人々に感謝します。

❷自分の行動が、この食事を頂《いただ》くに値するものであったかどうかを反省します。

❸心を正しく保ち、誤った行いを避けるために、貪嗔痴《とんじんち》の3つの過ちを持たないことを誓います。

❹食とは良薬であり、体を養い、正しい健康を得るために頂くものであると心得ます。

❺悟りの道を成し遂げるために、今この食事を頂《いただ》きます。

仏教の修行のために食事をいただくという前提なので、食事の目的は体を維持する「くすり」だと言っています。

しかし、それは仏教徒だからということでもないでしょう。

ここで、食事の最後に「ごちそうさま」と言う理由もご紹介しておきましょう。

「ごちそうさま」は、漢字で「御馳走様」と書きます。「馳走」というのは、「走り回る」という意味で、それに、丁寧に「御」をつけているわけです。

つまり、この食材や料理をつくるために沢山の方が「走り回って」くださった。

その「もの」や「人」に感謝するために心を込めて「様」までつけているんですね。

皆さんも食事に使われた食材たちに、そして食事をつくってくれた人たちに、感謝する心を忘れないでくださいね。

禅僧の教え20

「いただきます」の意味は、「あなたのいのちを、私のいのちにさせていただきます」ということ。

私たちの「いのち」は、他の「いのち」のお布施がなければ成り立ちません。からだを維持していくためには、多くの「いのち」をいただかなければならないのです。自分たちがさまざまな「いのち」に生かされていることを、日々意識し、感謝の気持ちをもって暮らしたいものです。

悉有仏性

全ての「いのち」に敬意を払う

全て生きているものは仏となり得る

「いただきます」「ごちそうさま」に続いて、「もったいない」という言葉についてもお話ししておきます。

ノーベル平和賞を受賞したケニアのワンガリ・マータイさんが、この『ＭＯＴＴＡＩＮＡＩ』を世界に広めてくれたおかげで、「もったいない」は世界共通の言葉になりました。

実は、この「もったいない」は仏教用語なんです。「もったいない」＝「勿体ない」と書きます。「勿体」とは、「物体」のことで、仏教的には「本来全てのものが仏になる仏性《ぶっしょう》を持っている」という意味があります。

ですから、**「勿体ない」とは、仏の種を生かしきれていない。そのものの持ついのちを生かしきっていない。それが、「無駄になっている」という意味につながっているのです。**

日本人は八百万の神がこの国に住んでいると信じ、川にも山にも田んぼにも、米にも、野菜に至るまでいのちが宿っていると教えられてきました。それが今、世界で注目され、自然に対する敬意、尊敬などの意味で使われています。

日本人のバックボーンには、「いのち」というものを身近に感じる「言葉」や「習慣」が至るところにあります。日本人として、誇りに思う文化だと思います。

環境にも、人間にも優しい「もったいない」精神、大事にしたいですね。

禅僧の教え21

一切衆生《いっさいしゅじょう》、悉有仏性《しつうぶっしょう》。
道元禅師は、この世の全てのものには命があり、それらは全ては仏と成り得るものだ、と説いています。

あなたが生きていくために取り入れられた「いのち」のことを、もう一度感じてみてください。やはりどんなものも粗末にしてはいけないと思います。

第 3 章

人はなぜ生まれ、死んだらどこへ行くのか

六道輪廻

人はなぜ生まれてきたのか

「天上天下唯我独尊」の本当の意味

人はなぜ生まれ、死んだらどうなるのでしょう?

よく聞かれる質問ですが、私は、生まれてくることに理由はないと思っています。

私たちは、たまたまこの世に生まれてきた。そして、生まれた理由はあとから自分でつけていくものだと思うのです。

お釈迦様も、この問題には「無記《むき》」と答えています。

無記。つまり何も答えない。**答えようがない**ということです。

しかし、どう生きるのかということには、たくさんの教えを遺してくださいました。ここでお釈迦様の伝説をひとつお話ししましょう。

お釈迦様は、生まれてすぐに7歩あゆみ、「天上天下《てんじょうてんげ》唯我独尊《ゆいがどくそん》、三界皆苦《さんがいかいく》我当度《がとうど》之《し》」とおっしゃったそうです。これは、「この世に『我』よりも尊い存在はない。この世に満ちた苦しみを『我』が取り除くものである」ということですが、お釈迦様は自分が一番偉いとおっしゃっているわけではありません。

「我」とは個々人のこと。つまり、「私たち一人ひとりが尊い存在であり、この世の困難や障害を取り除くことができる」とおっしゃっているのです(この言葉には、さまざまな解釈があります)。

すでにお話ししましたが、私たちがこの世の中に生まれてくるのは、奇跡に近い、「有り難い」ことなのです。そのことを胸にきちんと刻み、自分を大切に、そして人を大切にして生きていくことが大切だろうと思うのです。

そして仏教では、人はこの世での生き方により「6つの世界」で生まれ変わりを繰り返すとしています。これを「六道輪廻《ろくどうりんね》」といいます。

6つの世界というと死後の世界をイメージされる方が多いようですが、**「六道輪廻」は現世に生きる、あなたの心の中にある世界です。**

「六道」とは、

❶**天道《てんどう》**……天人の住むような世界。
❷**人間道《にんげんどう》**……人間の世界。
❸**修羅道《しゅらどう》**……闘争的な世界。奈良の興福寺に有名な「阿修羅」像があります。
❹**畜生道《ちくしょうどう》**……人間以外の生物の世界。本能のまま。
❺**餓鬼道《がきどう》**……人のものを欲しがる世界。
❻**地獄道《じごくどう》**……罪悪を犯した者の世界。「地獄」はインドの言葉で「Naraka」と言います。これを日本語読みで置きかえたものが「奈落《ならく》」です。

人の心はこの「六道」を行き来します。こうした迷いから逃れるために、仏教徒は坐禅を組み、修行をするのです。

あなたの日常でも当てはまることはありませんか？　人と喧嘩をしたり、わがままを押し通したり……そんなときは気分を変えて、天道を目指すことをイメージしてみてください。

人は誰でも迷うものです。そして、あちこち迷いながら、自分の人生にいくつもの足跡を記していくのです。

私たちが生まれたことに理由はありません。

でも、生きた軌跡は残ります。

世のため人のため、より善い行いをした人ほど、その人が生きた意味は後世に語り継がれていくでしょう。

禅僧の教え22

私たち一人ひとりが尊い存在であり、この世の困難や障害も、私たちならば取り除くことができる。

人は誰でも「六道」を行き来するもの。しかし坐禅を組み、修行をすることで、私たちはそうした迷いから逃れることができるのです。

死後の世界

人は死んだらどこへ行くのか

残された人の心の中で生き続ける「魂」

人は死んだらどこへ行くのでしょう？　あの世？　実際に見てきた人はいないので、定かではありませんよね。でも、死んだ人たちと会える場所があります。

青森県下北半島の先端にある恐山は、高野山、比叡山と並ぶ日本3大霊山のひとつとされています。2年前、檀家さんと参籠《さんろう》（宿泊）をさせていただきました。恐山の正式名称は「恐山菩提寺」といい、豪雪のため開いているのは4月から10月までになります。11月になるとお寺を閉めて麓の円通寺に降りるそうです。

こちらのお寺の院代を務める南直哉師とは、私が永平寺の「国際部」というところにいたときからのお付き合いです。「国際部」では、外国人参拝客のご案内や、中国やチベット、欧米などからの主要な外国人のお客様の接待やお世話、通訳、外国人参禅者の指導などにあたりましたが、そのときの上司が彼でした。

在家（実家がお寺ではない）からの出家で、長年にわたり永平寺で熱心に修行を積まれ、「永平寺で死にたい」とおっしゃっているような方だったので、下山（修行をやめておりること）すると聞いたときは驚きました。どこのお寺に行くのか、気になったものです。そんな南師が就いたのが、恐山菩提寺の院代でした。

恐山は、岩がゴロゴロ転がる荒涼とした景色の中に、大きな湖（天国）とお寺、宿泊施設と温泉小屋があります。ゴツゴツとした岩の間から硫黄が吹き出し、その横で小さな風車がカラカラと音を立てて回っている風景を初めて訪れると、「怖い」と感じる人が多いと思います。

また、その景色の中を歩いていると不思議な体験をします。木にたくさんのタオルが結びつけられていたり、本堂の奉納品の中にウェディングドレスを見つけたり。夜、宿舎で寝ているとふすまが急にガタガタ鳴ったり、携帯やパソコンが壊れたり……。景色だけでなく恐い体験もたっぷり味わえます。

昔から、東北地方の方が亡くなると、その霊はみんな霊山の「恐山」に行くと信じられていました。今でも、そう信じる人は少なくありません。

木に結ばれたタオルは、亡くなった方が汗を拭くためにかけてあります。本堂のウェディングドレスも、幼少の頃に亡くなった娘さんが成人してお嫁に行くときのために奉納されているのです。

下界では、その人は「亡くなった」けれども、「恐山」では「魂」が生き続けています。今でも、残された方たちの心の中で成長し続けているのです。

そして、死んだことは分かっているけれども、やっぱり「会いたい」し、「話がしたい」。そんな気持ちに応えるために、恐山にはイタコの皆さんがいます。

皆さんもテレビなどでイタコの口寄せを見たことがあるかもしれません。彼女たちは故人を現世に呼び寄せるだけでなく、生前の「故人の想い、考え方、生き様」

を自分というフィルターを通して遺族に伝え、来世に旅立った故人を「仏様」に昇華させて、現世の遺族を正しい方向へ導いていく役割をも担っています。

恐山では、全ての「魂」が生き続けています。

それが本当かどうかを議論するのは無意味なことです。信じている人には「見える」し「聞こえる」。信じていない人には「見えない」し「聞こえない」ものなのですから。信じること。それが、「信仰」なのだと思います。

私が永平寺で修行していたとき、ある偉い老僧の付き人をしたことがありました。そのときに、老僧にこんな質問をされたことがあります。

「俊道さん、人間は死んだらどこへ行くか分かるか?」

私は当時、駒澤大学の仏教学部を卒業したばかりで、人の死について真剣に考えたことがありませんでした。だから、「あの世ですか?」とか、「お墓へも行きますね」などと、あやふやな答えしかできませんでした。すると、老僧は、

「俊道さん、あなたはまだまだ修行が足りませんね」

とおっしゃいました。私はちょっとむきになって、「では、老僧はいかがお考えなのでしょうか？」と逆に問い返しました。老僧はこう答えられました。

「俊道さん、人は死んだら、生前愛した人や、大切にしたものの中へ『霊魂』となってス〜ッと入っていく。だから、そういう人やものがないと入れるところがなくて寂しいぞぉ」

さすが、いいこと言うなぁと、感心したことを今でもハッキリと覚えています。

死んだあとも人やものを依《よ》り代《しろ》に現世に戻れるよう、家族や友人、まわりの人をいつも大切にしなくてはいけませんね。

日々の行いは、やはり死後の世界にも影響があるのだと思います。

禅僧の教え 23

善因《ぜんいん》善果《ぜんか》、悪因《あくいん》悪果《あっか》。

仏教では、善いことを行えば良い結果に、
悪いことを行えば悪い結果になると教えています。

本人の努力だけでは、なかなか良い結果に至れないこともあります。
まわりの人たちの支えがあればこそ、結果が得られることもあるでしょう。
しかし、さまざまな人の支えを得られるかどうかも、日頃のあなたの行い次第なのだと思います。

霊魂

霊魂はあるのか、ないのか

あなたが「あの世に持っていけるもの」

ところで、霊魂は本当にあるのでしょうか？　夏場になると、心霊スポットの紹介などが盛んに行われますが、自分の目で見た方はとても少ないですよね。

まず、何をもって「霊魂」というのでしょう。辞書には「肉体とは別に精神的実体として存在すると考えられるもの。肉体から離れたり、死後も存続したりすることが可能と考えられている、非物質的な存在のこと」とあります。

では、もし霊魂があるとすれば、誰の中にあるのか。前項の老師の言葉をお借りすれば、生前に愛したものやご遺族の中に納められていることになります。

実は、この問題について、お釈迦様にまつわるこんなお話が残されています。

「霊魂はない。死んだら終わり」と言う人には、「死んだら終わりですね」とお答えになりました。

「霊魂はある。この肉体が滅んでも霊魂となって生き続けます」と言う人には、「そのとおりです。霊魂はあります。死んでもあなたは生き続けます」とお答えになりました。

「分かりません」と言う人には、「分かりませんね」とお答えになりました。

また、お釈迦様は霊魂があるかどうかについても、「無記（あるともないとも言わない）」とお答えになっています。

形のあるものなら、見たり触ったりして誰もが存在を認識できますが、霊魂は万人共通で目にすることができません。ですから、通常の「ある」「ない」で結論の出せる問題ではないのです。

このあたりが、仏教が「リアリティの宗教」といわれる所以でしょう。霊魂があるかどうかではなく、「霊魂がある」と信じるかどうか、ということです。

私は、「霊魂はある」と信じています。

もちろん、私にも霊魂を見ることはできません。でも、あると信じて生きるほうがこの世が素晴らしいものになると思っています。

たとえば、「霊魂なんてない。死んだら全て終わりなんだから、何をしても関係ない」と欲望のままに行動する人がいると、その人はいいかもしれませんが、家族も周りの人もうれしくありません。世の中も良い方向には向かいません。

一人ひとりが霊魂はあると信じ、あの世で心安らかに過ごすために、世のため、人のため、いつくしみ深く、相手の立場に立って行動するからこそ、この世は進歩し、便利になっていきます。そして、一人ひとりの行動がもたらす恩恵を、多くの人たちが享受できることになるのです。

話は少し飛びますが、瑞岩寺でも、毎年法事をする家族もあれば、3回忌以降は全くやらない家族もいます。

どこが違うのかといえば、やはり、生前とても家族に尽くしていた人は、家族が毎年法事を開いているように思います。「霊魂」が存在するとすれば、それは遺された方々の中にこそ生き続けるものだと思います。故人の生前の人生の過ごし方によって、ご遺族の「霊魂」との向き合い方にも違いがあると感じました。

お釈迦様は、欲の深い人にこう言いました。

「あの世に持っていけるものは何もない。立派な家も、たくさんの財宝も金銀も、大切な家族も孫たちも、あの世には持っていくことはできない。しかし、ただひとつだけ持っていけるものがある。それは、なんだか分かるか？」

あの世に持っていけるもの……。

「それは、あなたがこの世で行った善いこと、悪いこと全てである」

皆さんはどう思いますか？　霊魂があると信じますか？　信じませんか？

禅僧の教え24

立派な家も、財宝も金銀も、大切な家族も孫たちも、あの世には持っていくことはできない。
しかし、ただひとつだけ持っていけるものがある。
それは、あなたがこの世で行った
善いこと、悪いこと全てである。

できれば「善いこと」をたくさん持って旅立ちたい。そんな思いが、日々の生活の姿勢を正してくれると思います。

解説

宗教はなんのためにあるのか

「いつか訪れる最期」への準備

いきなりですが、人はいつか亡くなります。これは確率100％です。

私たちが死を間近で感じるのは、最初は近所のお年寄りなど縁の遠い方のご葬儀ですが、次第に自分の祖父母、父母、そして、最終的には自分の死に直面します。

死後の世界を見てきた人はいないので、その先については、大抵の人が不安を感じると思います。何も用意をしていないと、その場になって「死にたくない〜」と大きな苦しみを味わうことになるかもしれません。しかし、そのときに何か対処しようとしても、できることはあまりないでしょう。

宗教というのは、そういうときのためにあるのだと思います。たとえば、**仏教**

の教えに沿って、学び、生きていれば、死に直面した大きな苦しみをある程度受け入れて、「安らかに」なれるのではないでしょうか。

世界中にはいろいろな宗教があります。キリスト教、イスラム教、ヒンズー教……。宗教の「宗」という字には、「大切なこと」という意味がありますが、本当に「辛い」経験や、「死にたいくらい苦しい」状況に陥ったときにこそ必要になるものだから、このような字が使われたのかと思ったりします。どの宗教が良いかは人それぞれですが、安らかさを覚える教えに巡り合えるのは良いことでしょう。

「宗教」を英語では、「Religeon」と言います。これは「再び結びつける」という意です。つまり、自分という存在と神の存在を契約し、結びつけるということです。

仏教でも、「教えに従います」と「誓い」を立て、誓約します。これを、「授戒」といい、その証明書を「血脈《けちみゃく》」といいます。世間一般にいわれる「戒名」です。

生前から戒名を授かって、仏の立場になり、さらに正しく生きることで、「六道輪廻」の天道（天人の住むような世界）に生まれかわることができるなら、心の

「安心《あんじん》」が得られるのではないでしょうか。

ちなみに、「六道輪廻」するのは一般の方々の話で、出家した僧侶の場合は少し異なります。僧侶がこの世の修行が完成して「悟り」を得た場合は、輪廻転生から脱することができます。これを**「解脱《げだつ》」**といい、このような方たちを**「如来《にょらい》」**と呼んでいます。「釈迦如来」「阿弥陀如来」といった名前を聞いたことのある方も多いでしょう。

それに対して、悟りを開かれたあともあえて地上に降りて、悩んでいる人々を救うという誓いを立てた仏様を**「菩薩」**といいます。「観音菩薩」「普賢菩薩」などもよく聞かれますが、実はお地蔵様も、「地蔵菩薩」といって、菩薩様なのです。

私は、解脱した如来様よりも、人々のためにこの世にとどまってくださった菩薩様が好きです。瑞岩寺の境内にもお地蔵様がいらっしゃいます。いつか機会があったら、ぜひ会いにきてください。

禅僧の教え25

宗教の「宗」は大切なことという意味。「辛い」経験や「死にたいくらい苦しい」状況に陥ったときにこそ必要になるものだから、この字が使われたのでしょうか。

今の世の中は便利すぎて、困ることがあまりありません。それだけに、本当にどうにもならないことがあったとき、拠り所が見つけられない人が多いのではないかと思うのです。

日々是好日

死を受け入れる

あなたにとっての「最高の死の迎え方」とは

先日、高崎市にある末期がん専門の「緩和ケア病棟いっぽの会」の萬田緑平先生とお話しする機会を得ました。

先生は群馬県内の有名な病院の外科医でしたが、そこを退職し、今の職に就いたそうです。エリートコースを蹴ってまで緩和ケアに関わる決心をされた理由は、一体なんだったのでしょう。理由はひとつではないでしょうが、先生は病院の「延命治療」にも抵抗を感じていらしたそうです。先生はこうおっしゃいました。

「延命治療は悪いことではありません。医者として当然のことをしているまでで、問題は患者さんとご家族にあると思っています。特にご家族の意識が問題ですね。人は必ず死ぬもの。そのことは理解していても、感情がそうはさせないのです。肉親だから当然ですが、延命することが本当に患者にとって幸せなことなのか、考えてみていただきたいと思っています」

延命治療を受け、「頑張れ、頑張れ」と医者や家族から励まされ、患者さん本人も頑張っているのに、良くはならない。それならば、死ぬまで苦しむのではなく、最後にきちんと本当のことを伝えて、互いの目を見て「ありがとう」と感謝を伝えたり、思い出の場所に出かけて語り合ったりするほうが、よほど幸せなんじゃないかと思えてきます。

「私たちは、生まれてくるとき『HAPPY BIRTHDAY』なんだから、最後も『HAPPY END』にしたいですよね。本当にできるんですよ。『死を受け入れることは、こんなにいいものなんですね』『幸せです！』って、その方が亡くなったときに、ご家族の方々が言ってくれるんです。それって最高じゃないですか」

萬田先生のお話に深くうなずいた私は、こうした取り組みが広まり、最後はきちんと死を受け入れて、苦しまずに死ねる社会が来ればいいと思っています。

もちろん人によって考え方はいろいろです。最後まで本当のことを知らずにいるほうが幸せという方もいるでしょう。皆さんもぜひ、自分にとって最高の死の迎え方はどんなものか、考えてみてください。

たくさんの葬儀に立ち会ってきて思うのは、故人と最期のお別れができた家族は、葬儀のときに号泣しても、立ち直りが早い気がします。

故人が最後まで自分らしくあるために、患者さんも、ご家族も、きちんと死と向き合い、受け入れる。それはとても辛い作業かもしれません。そんなときこそ、宗教の存在が心の拠り所になるのだと思いますし、私自身も少しでも患者さんやご家族の心に寄り添っていきたいと考えています。

「新興宗教やキリスト教の牧師さんはよく病院に来ますが、お坊さんはほとんどいらっしゃらないですね。死を受けて入れているほとんどの患者さんが既成宗教の信者さんではありません」

萬田先生が最後におっしゃった言葉は、私の胸に強く突き刺さりました。

禅僧の教え 26

日々是好日《にちにちこれこうにち》という言葉があります。毎日が最高の日だとも受け取れますが、それよりも、「ありのままが良い」という解釈のほうがしっくりくる気がします。

晴れていても、雨が降っても、仕事や勉強をするにしても、遊ぶにしても、ありのままの今日が、全てに相応しい一日なのです。生を受けた日も、最期を迎える日も、やはり、日々是好日なのだと思います。

尊厳死

自分の最期を自分で選択する

今の気持ちを「リビングノート」に書き留める

ここで「尊厳死」についても考えてみたいと思います。

超党派の国会議員で構成される「尊厳死法制化を考える議員連盟」が、終末期の患者が延命措置を望まない場合、医師が延命措置を中止しても法的責任を問わないとする「尊厳死法案」をまとめ、近々国会に提出する方針を固めたそうです。

この新聞記事を読んで、ようやく日本もここまできたのだなぁと感じました。

「尊厳死」はいいか悪いかを議論しても、結論はきっと出ないでしょうが、私は最期の迎え方の選択肢が広がるのは良いことだと思っています。

私がハワイで開教師という僧侶の仕事をしていたとき、アメリカのオレゴン州の州法で「尊厳死」を認める法律が成立しました。今から10年近く前のことです。

その当時、檀家さんからご家族の延命装置のスイッチをＯＦＦにするかどうか相談されたことがあります。アメリカは治療費がとても高く、ご家族を植物人間のままずっと看ていくことが難しかったのです。

このまま回復の見込みがないと分かっても、「自分の家族の延命装置を切る」という決断は、普通の感情ではできないでしょう。

このときは、ご家族とよく話し合い、スイッチを切ることを一緒に決めました。私たち僧侶がご相談に加わり、ご家族の罪悪感を少しでも分け合うことができればいいと思ったのです。そして、ご家族の悲しみが、かさみ続ける医療費を工面する苦労や怒りに変わる前に「尊厳的な死」を迎えることは、大切なことだと感じました。

このような体験もあって、瑞岩寺では、「リビングノート」を檀家さんに配布して、できるだけ生前に書いてもらうようにしています。病に倒れる前にご本人の意志が明らかにされていると、延命治療の有無だけでなく、遺されるご家族の相続・お葬式、お墓のことまで、もめることが少なくなります。

「自分の最期を自分で選択する」ことは、ご本人のためでもあり、ご家族をさまざまな葛藤から救い出すことにもなるのです。

あるご老人が、「自分でトイレに行けなくなったら、自分の尊厳が失われる気がする」と言っていました。

人によって「尊厳」の捉え方はいろいろです。

あなたはあなたの、守りたい「尊厳」があるはずです。

リビングノートとまでいかなくても、自分の意志を書面にしておくことは大事だと思います。内容は何度でも書き換えられますから、今の気持ちを素直に書き留めておくとよいのではないでしょうか。気持ちが変われば、また新しく書き直せばいいのです。

「自灯明《じとうみょう》」はお釈迦様の最後の教えといわれています。「自らを拠り所として生きなさい」という意味です。自分が幸せか否かを決められるのは自分でしかないのと同じく、最期をどう迎えるのが幸せか――その答えも、やはり自分の中にしかないのです。

尊厳死は今後も多いに議論されるべき問題だと思います。明解な結論は出ないかもしれませんが、重要なのは、「自分が最期をどう迎えたいか」を家族や周辺の人たちに意思表示しておくことでしょう。リビングノートもそうですが、普段から自分の考えを周囲に伝えておくことも必要なのです。

不殺生戒

どうして人を殺してはいけないのか

正しく生きるためのルール

ところで、「どうして人を殺してはいけないの？」と、お子さんに聞かれたら、あなたはどう答えますか？

「そんなの当たり前でしょ」
「法律で決まってるからね」
「相手の身内が悲しむよ」

などなど、いろいろな回答があると思いますが、私には、どれもしっくりきません。「罰せられるからしない」というものではないように思えるからです。

私なら、**「仏教の戒律で決められているから」**と答えます。

私は仏教徒ですから当たり前といえば当たり前ですが、正しく生きるためのルールで決まっているというのが、とてもまっとうな考え方のように感じます。

仏教の戒律「十善戒」の最初にあげられているのが「不殺生＝殺生をしない」という戒律です。一番目ということは、それだけ重要ということだと思います。生きているものをむやみに殺すのはいけないことです。もちろん、自分自身を殺すこともいけません。それは、人として生きるルールに反しているのです。

私は、個人的に「自殺防止ネットワーク風」の相談員をさせていただいているのですが、ときどき自殺を考えている人から電話をもらうことがあります。

あるとき、こんなお電話がありました。

「私、死にたいんです。家族もいないし、遠距離の両親からは絶縁され、二度と帰ってくるなと言われています。友達もいないし、私が死んでも悲しむ人は誰もいない。生きていても無価値なんです。死んでもいいでしょうか？」

私は1時間以上お話をお聴きし、最後に彼女にこう伝えました。
「今まで大変でしたね？　辛かったでしょう？　今日、ご縁があって私はあなたの電話相談を受けました。誰も知り合いがいないといっても、少なくても私はあなたに死なれたら悲しくなります。私のためにもう少し生きてみてはいかがですか？　是非、また辛くなったらまた電話をかけてきてくださいね」
こう言ったのは、次に電話をかけてくれるまでは元気にしてくれると期待しているからです。そして、いつか「自分自身も殺してはいけない」ことに気づいてほしいと思っています。

彼女からは、それ以来電話がありません。元気に立ち直ってくれていることを願うばかりです。

禅僧の教え28

「不《ふ》殺《せっ》生《しょう》戒《かい》」とは、
むやみな殺生をしないということ。
それは、他の「いのち」にも、
自分の「いのち」にもいえることです。

私たちの多くのご先祖様から受け継いだ、大切な「いのち」。そして、全ての「いのち」はつながっていますから、誰かがいなくなっていいということはないのです。

自殺

自らいのちを絶つということ

もう一度、「いのち」のつながりを思い出す

ある日の新聞で、「若者の就職難のための自殺、年間150人」という記事を見つけました。

「ええっ⁉　就職できなくて……自殺？」

お亡くなりになった方には失礼ですが、ふっとそんな思いがよぎりました。

自らいのちを断つ決断をされたほどだから、きっと辛かったに違いありません。他の選択肢が見つからないほど追いつめられてしまったのでしょう。

でも、遺された家族や関係者の辛さも、本人と変わらない、いや、それ以上に大きいだろうと思います。

たくさんのご葬儀に立ち会ってきましたが、なかには自殺の葬儀も何度かありました。これは、本当に辛いです。ご家族や友人は、「なんで死なせてしまったのか」と一生自分を責め続けることになります。

第1章でも書きましたが、お釈迦様は「諸法無我」とおっしゃいました。この世の全ての「いのち」はつながっているのです。

「いのち」をどう処するかは、確かにご本人の意志かもしれませんが、それは単独で成り立っているものではなく、ご家族や友人たちとつながっています。大切な「いのち」を断つことで、周りの人たちも同じ悲しみ、苦しみの淵に引きずられていくことを想像してみてください。

自分のためだけでなく、大切な誰かのためにも、やはり、自らいのちを絶つ決断はいけないと思います。

世の中、自分の思いどおりには動かないものです。でも、それは、生きている全ての人がそう感じているものです。うまくいかないのが当たり前なのです。

生きていく道は、決してひとつではないでしょう。
一流大学、一流企業を目指すのも生き方のひとつ。
同様に、別の分野で夢を追いかける人生もまたひとつ。
海外に飛び出して、チャンスをつかむという方法もあるのかもしれません。
何を選ぶのが良いということではありません。
自分の人生、自分で決めればいいのです。

残念ながら世間では未だ画一的な見方が主流で、そこから外れたものは低く見られがちです。でも、周囲と比べることはあまり意味がないと私は思います。
人との比較は執着を生みます。ひとつのものごとに執着すると、安らかな気持ちにはなれませんし、良い結果も得にくいでしょう。

私は何がしたいのか？
私はどうして働くのか？

これが大事だと思います。

就職問題だけでなく、世の中にはたくさんの困難があるものです。もしかしたら、死にたくなるほど辛いこともあるでしょう。

そんなとき、もう一度「いのち」のつながりを思い出し、思いとどまってほしいと願っています。そして、本当の自分の価値を生かす選択肢を選んでほしいと思います。

禅僧の教え 29

般若心経に、「広く広く、もっと広く」という一節があります。ものごとを見つめる視点をもっと広く、客観的に捉えるということです。

信仰が深くなってくると、自分を俯瞰して見ることができるようになります。大きな障害にぶつかると、「どうにもならない」という気持ちになるものですが、視野を広げ、また、俯瞰してみると、意外と「なんだ、こんなことだったのか」と思えることも多いものです。

第 4 章

これからの「お寺」との付き合い方

寺・僧侶

「お寺」はなんのためにあるのか

これからの「お寺」「僧侶」の役割

皆さんが一年の間でお寺を訪ねるのは、お盆とお彼岸、あるいは故人の命日くらいでしょうか。観光目的で立ち寄る寺院を加えても、数えるほどしか足を運ばない方がほとんどだと思います。

今はすっかり便利になって、欲しいものがあればなんでも揃います。困ったときに相談する窓口もいろいろあります（もちろん、お金はかかりますが）。

しかし、世の中が便利になるほど、人と人のつながりが希薄になるような気がしています。皆さんがお寺を訪れる機会が減っているのも、こうした世の中の流れを反映しているのではないでしょうか。

昔のお寺は、何かあれば人の集まる、村や町のコミュニティサロンのような役割を担っていました。また、相談事があれば、まずお寺の住職に。もめごとがあれば、その仲裁をするのも住職でした。お寺がもっと近隣の皆さんの生活に密着していたのです。それがいつからか距離が開きはじめ、お葬式のときにだけ出番がある「葬式仏教」の存在になってしまいました。寂しいかぎりです。

宗教学者であり、東京大学先端科学技術研究センター客員研究員の島田裕巳先生が著した『葬式は、要らない』（幻冬舎新書）という本がよく売れたそうです。

私も読んでなるほどと思いました。先生が言わんとしていたのは「葬式」そのものというより、**「葬式にお坊さんはいらない」**ということなのです。

高級車で悠然と斎場に乗りつけ、さっとお経をあげて、遺族との会話もそこそこにあっという間に斎場をあとにする。それなのに要求されるお布施は高額……。そんなお坊さんは必要ないということでしょう。

私が開教師として海外へ飛び出したのも、そうした「葬式仏教」に疑問を感じ、日本の仏教の展望が見えなかったことがひとつの理由でした。

でも、日本には、そのようなお坊さんしかいないわけではありません。心のこもった葬儀をするお坊さんも、当然、ちゃんといます。

私も今は「葬儀こそ最大の布教の場所」という考えを持つようになりました。もちろん、多額の布施を要求したいということではありません。どれだけ一生懸命故人を想い、どれだけ葬儀に魂を込めることができるかが問題だと思い直したからです。また、心のこもった葬儀をするには、生前からいかに濃いお付き合いをしておくかが大切だと分かりました。

日本は、これからますます「無縁社会」になるでしょう。東日本大震災によって地域社会のつながりの大切さが叫ばれるようになりましたが、それでも、やはり日本人は近所付き合いが苦手です。横の関係をうまく結べない人たちに向けて、一人ひとりを支えるような社会保障システムが求められています。

松本市の神宮寺・高橋卓志ご住職にこんなことを言われたことがあります。

「長谷川くん、『生・老・病・死』というお釈迦様の説かれた苦に僧侶が寄り添わないでどうする？　僧侶って何をする人だろう？」

私にできることは小さなことかもしれませんが、**最大限の力をもって、一人ひとりの苦に寄り添うことが、私の役割**なのだと感じました。

瑞岩寺では保育園を運営し、近い将来、境内に老人介護施設を建設することも計画しています。子育てから老人介護・終末医療・葬送と、これらの役割を複合的に担っていけるお寺造りが理想だと考えています。

日本に戻って8年余。これまでに境内整備や人生相談、悩み相談、坐禅会、朝がゆ会（朝が愉快）、永代供養墓、樹木葬、ペット供養、水子供養、葬祭に関する一切の業務、寺子屋ライブや時代に即した講演会など、さまざまなトライをしています。今後も、試行錯誤を続けながら、今までのお寺の既成概念を打ち破るような挑戦をしていきたいと思っています。

もちろん、一番大切なのは、私自身がいかに魅力的な僧侶になるかでしょう。「葬式仏教」のもとでは、生き残れない寺院もたくさん出てきます。祈禱寺、観光寺、本山は生き残るとしても、それ以外は淘汰されていくでしょう。

それだけに、「あなたに会えて本当に良かった、心が楽になりました」と心底言われ、皆さんから頼られるお寺、僧侶でいなければ、瑞岩寺にも私にも未来はありません。

有り難いことに、最近は、毎日のように悩み相談や供養・墓地の相談などをいただけるようになりました。皆さんのお話を傾聴するたびに、「私も少しは世のためにお役に立てているかな」と感じ、満ち足りた気持ちになります。

昔のお寺のように、人の集まる場所、地域の暮らしに寄り添ったお寺になるために、しっかり生きなければいけないと思うのです。

葬式

「お葬式」はなんのために行うか

「寺葬儀」のすすめ

以前、神宮寺の高橋卓志ご住職を訪ね、お寺の葬儀にご一緒させていただいたことがあります。檀家さんのご家族が亡くなると、まずお寺に一報が入るということからも、住職への信頼感が並々ならないことは分かります。

ご住職は、そのお宅へすぐに枕経（自宅で遺体の横で詠むお経）に行き、そこでご家族に入念にインタビューを行います。故人の家族構成、仕事の経歴、どのような葬儀にするか、弔問客の予想、食事などをこと細かく尋ねていきます。

そして、一つひとつの葬儀に、故人に合わせた「テーマ」を決め、誰に対して行うのかを明確にしていきます。たとえば、故人の奥様のために、あるいは子どもさんのために、といった具合です。

１００人いれば葬儀も１００通りです。ご住職は、ご遺族の気持ちに寄り添いながら、故人らしさのある葬儀が計画されていくのです。

また、神宮寺の葬儀には専門の葬儀社は一切入りません。棺桶も、お花も、全てお寺のスタッフで手配をします。だから葬儀社で頼む3分の1程度の費用でまかなうことができ、しかも満足度は何倍にもなります。

私がご一緒させていただいた葬儀も、とても感動的なものでした。

瑞岩寺でも、お寺で故人を見送る「寺葬儀」を勧めています。会館がないので大きなものはできませんが、10人程度の家族葬ならあげることができます。

神宮寺まではいかなくとも、故人の写真をいただいてDVDを読経中に流したり、故人の好きだった花を飾ったり、お気に入りだった曲をかけたり、お子さんから別れの言葉をいただいたり……バリエーションも豊富になってきました。

葬儀社のパック販売でベルトコンベアーのように進む式次第では、このような葬儀はできないと思います。

お葬式というのは、宗教的には故人に戒名を授け、成仏していただくための儀式ですが、その目的の半分以上は遺された方たちの心をケアするためにあげるのだと思っています。だからこそ、**遺族の方たちが悲しみ、寂しさに思い切り浸れるのが「いいお葬式」ではないか**と考えます。

「いい葬儀」をすると、ご遺族は葬儀中に人目をはばからず悲しみをあらわにします。悲しいときには泣いたほうがいいのです。精神医学的には涙を流すことで癒やされることもあるそうですから。

そして、故人を見送ったあとに、すっきりとはいかないまでも、なにか心の区切りをつけられたと感じられる葬儀が良いと思います。

これからも、ご遺族に存分に泣いていただける「いい葬式」をしていきたいと考えています。

もともと葬儀社がなかった時代は、僧侶が葬儀を仕切っていました。日頃から檀家さんともお付き合いがあったので、そのお宅の家族構成や弔問の人数、集まるお香典の金額もある程度予想ができました。葬儀の収入と支出のバランスがとれていないと困るのはご遺族ですから、予算を見ながら葬儀の規模や香典返しなども僧侶が手配していたのです。

しかし今は、良くも悪くも葬儀社が参入し、ビジネスとしてサービスを展開するようになりました。昔のように、家族を慮って葬儀を仕切る僧侶もすっかり減ったこともあり、病院などで紹介された葬儀社に依頼することになります。

人生の締めくくりである葬儀を、「松竹梅がありますが、いかがしましょうか」と聞かれて、内容も分からずに「じゃあ、竹で」と選ぶことになるのです。

さらにいえば、葬儀社もビジネスですから、一つひとつの原価に利益がのせられています。だから同じものを使っても寺葬儀よりも割高になってしまいます。

パッケージで決まっていて、何から何までお任せできるのは便利かもしれませんが、故人をお見送りするお葬式は、そのとき一度しかありません。
できれば生前の故人を偲びながら、心のこもったお見送りをしていただきたいと思います。

お焼香は何回するのが正解？

ところで葬儀に参列したとき、皆さんお焼香をしますよね。宗派や地域によって作法や意味合いが異なることもありますが、一体、何回するのが正解なのでしょうか？

そもそも「お焼香」とは何かというと、亡くなった方を弔うために線香や抹香を焚くことをいいます。煙が天井へ上がり、あらゆる隙間に広がっていくので、「この世」と「あの世」をつなぐものとされているのです。

曹洞宗では、法事などの席ではお焼香は2回と教えています。

1回目は、**「故人とご先祖さまに感謝の気持ち」**を差し向けながら行います。そして、2回目は**「生まれ変わった故人に対して後生（来世）が良いように」**と願いを差し向けるようにして行います。

最後まで心を込めて行うことが大切です。

仏教にまつわる数字

四苦八苦、七五三……数字の意味は？

全てが「6」になる

曹洞宗だけではないかもしれませんが、私たちが使っている数字にも、それぞれ意味があると考えられています。

たとえば、

1《ひ》→火
2《ふ》→風
3《み》→水
4《よ》→世

5《いつ》→時

6《む》→結《むすぶ》→成就→安らぎ→涅槃→「死」

7《なな》→明→「始まり」→スタート

8《や》→末→末広がり、交わらない、幸せ「地」

9《く》→究→究極「天」

これらの数字は、その意味を込めてお寺の作法などにもよく取り入れられます。

ここでは、いくつかその例をご紹介します。

❶数珠《じゅず》にまつわる数字

お数珠の玉数は、108玉が正式な数だといわれています。

108と聞いて皆さんが思い出すのは、除夜の鐘ですよね。数珠の玉数も、人の煩悩の数を表しているといわれています。そして、多くの煩悩があるのは、人の世に「四苦八苦」があるからという説もあります。実際に計算してみると、

4×9（四苦）＝36
8×9（八苦）＝72
36＋72＝108（煩悩の数）

となりますから、あながち間違いではないのかもしれません。

ちなみに、この四苦八苦というのは、世の中の全ての人が逃れられない8つの苦悩を表しています。

「生・老・病・死」を四苦として、それに次の4つを合わせて、八苦とします。

・**愛別離苦**《あいべつりく》……親や兄弟、恋人など、どんなに愛していても、いつかは別れねばならない苦しみ。
・**怨憎会苦**《おんぞうえく》……恨みや憎しみを抱いている人や苦手な人に会わなければいけない苦しみ。
・**求不得苦**《ぐふとっく》……お金や地位等、求めているものが手に入らない、想いが叶わない苦しみ。

・五陰盛苦《ごおんじょうく》……考えるほど悩みが大きくなり、心身をコントロールできない苦しみ。

また、お数珠そのものは、私たち「人間」も表しています。玉をつなぐ赤いひもは人間に血が流れていることを意味しています。

さらに面白いのは、先ほどの4×9＝36の「3」と「6」を足してみると、9。同様に、8×9＝72の「7」と「2」を足しても9。

また、多くの人がしているお数珠の玉数は、108の2分の1の54。これも5＋4＝9。4分の1の27も、2＋7＝9。全てが9になるのです。

そして、この9には、先ほどご紹介したように、究→究極「天」という意味があります。

お数珠を擦って煩悩をけずり、悟りという究極になり、「天」に召されますようにという祈りがこの行動自体に込められているのです。

また、房を下にして数珠を持ったときに頂上が「天」で、下が「地」を表します。そして、環《かん》がチャクラ（体をめぐるエネルギー）を表して、天と地を行き来すると考えられています。お数珠そのものが、ひとつの世界なのですね。

単なる語呂合わせと思われるかもしれませんが、意味を知っていると、お数珠を持つときの気持ちが変わると思います。

仏様の前で、四苦八苦のない、安らかな世界を祈りましょう。

❷死にまつわる数字

瑞岩寺の葬儀に参列したことのある方はご存じですが、曹洞宗では葬儀の最初と最後に鈴・太鼓・鈸《はつ》を使用して、「チン・ポン・ジャラン」と立て続けに音を鳴らします。これを私たちは「大雷」と呼んでいます。

呼んで字のごとく「雷」ですね。葬儀では、故人に戒を授け、仏様にしてあの世へと送ります。このときに「龍神様」に送っていっていただくので、「雷」を起こすわけです。

このときに「7・5・3」という回数で鳴らすのですが、この数字にも意味があります。7＋5＋3＝15です。1＋5＝6。6は「結《むすぶ》」と書き、別名「死」を表します。

故人を見送る思いを込めて、このような回数になったのかもしれません。

❸七五三にまつわる数字

「7・5・3」というと、七五三を連想される方も多いでしょう。そのとおり、七五三にもやはり同様の意味があります。

七五三といえば、7歳、5歳、3歳の子どもの成長を祝う行事として、今では多くの家庭で行われていますが、なぜ、6歳、4歳、2歳の六四二ではなく、7歳、5歳、3歳の七五三なのでしょうか？

もともと七五三は、江戸幕府第5代将軍である徳川綱吉の長男で、館林城主である徳川徳松の健康を祈って始まったといわれています。

当時は、疫病や栄養失調による乳幼児の死亡率が高く、7歳くらいまでは、まだ人としての生命が定まらない「あの世とこの世の境に位置する存在」とされ、「いつでも神様の元へ帰りうる」魂と考えられていました。

つまり、7歳、5歳、3歳という年齢は、子どもにとっての厄年を示すものなのです。

この7・5・3という数字を足すと、7＋5＋3＝15になり、15の1と5を足すと6です。

この6という数字は先ほどのように「死」を表すものとされています。

ほかにも、

女性の厄年である33歳も、3＋3＝6。
男性の厄年である42歳も、4＋2＝6。
元服の年齢である15歳も、1＋5＝6。
還暦の年齢である60歳も、6＋0＝6。

このように全て6になり、「死」を表しているのです。

墓

少子高齢化時代の「お墓」のあり方

お寺やお墓を「選択」する時代に

お見送りした故人は四十九日を過ぎるとお墓に納骨されます。お墓参りは、皆さんがお寺に足を運ぶ数少ない機会でしょう。

しかし近年、少子化にともない、お墓のことで迷ったり悩んだりする方が増えているようです。私のところにも「娘3人がめでたく嫁ぎ、夫方に先祖代々の墓地があります。将来、父母のお墓をどのようにしたらよいでしょうか」というご相談をいただきました。

政府の人口予想の資料によると、少子高齢化の流れの中で、2050年には日本の人口は３３００万人減少する予定です。そして、65歳以上の方は１２００万人増加し、０～14歳以上の人口は９００万人減少します。年長者の増加が大きく若者が少ないため、人口構成は逆ピラミッドのようになっていくと予想されています。

つまり、**お墓を守ってくれる人たちの数は年々減っていく**ということです。

ご相談をいただいた家庭のように、娘さんが嫁いでしまった場合には、将来的には、父母のお墓は「無縁」になってしまいます。菩提寺の和尚さんとご相談して、その後の対応策を考えなければなりません。

同様に、お子さんがいらっしゃらない方、結婚していない方、お子さんが遠くに就職されて帰ってこない方などの場合も、墓地の維持は難しくなるでしょう。今後30年で日本中の約半分の家が墓地を維持できないといわれているほどです。

そして、その問題にきちんと回答を用意できているお寺はとても少ないのが現状です。

瑞岩寺では、これからのお寺事情を考えて、いろいろな試みを始めています。この地域でも、お墓の将来に不安を覚えている方はたくさんいます。そういった方たちの不安解消になればと考えたのです。

瑞岩寺では現在、通常の墓地以外に、次のようなお墓を準備しています。

❶納骨型永代供養墓「永遠のいのち」

骨壺をロッカーのように納骨し、その後はお寺が33回忌まで責任をもって供養します。骨壺は、ロッカーに入っていますから、後々墓地を建立することになったら、そちらに移すこともできます。

❷樹木葬永代供養墓「木もれ陽《び》」

シンボルツリーのかつらの木の周りの芝生に麻袋に入れたお骨を納骨し、お寺が33回忌まで供養します。普通、樹木葬というと里山の再生などが多いのですが、自然を守るために墓石の使用を極力少なくし、自然の土に還っていくというコンセプトです。

❸相続型永代供養墓「永遠《とわ》の杜《もり》」

通常の先祖代々のお墓と永代供養墓を合わせた機能を持っているお墓です。6角形の墓石の一つひとつに納骨し、お寺が33回忌まで供養します。この永代供養墓は普通の墓地としても使用できます。また、すでに墓石が用意されていますから、建立する必要がありません。

その他にも、愛玩動物（ペット）と一緒に納骨できるようなWithペットというお墓もあります。最近のペットブームで自分のお墓にペットを納骨したいという人は増える一方ですが、問題はその区画が以前からそうだったかという点です。もちろん、飼い主さんにとっては家族同様の犬や猫であっても、人間のお墓と一緒にすることに拒絶感を持つ方もいます。そのため、瑞岩寺では区画を別々にしています。

また、共同墓地は、無宗教にしています。皆さんそれぞれに生まれながらにして宗教観を持っていると思いますが、そのほとんどはご先祖様から受け継いだもので、選択する余地のないものです。**これからは、宗教もお寺も選択され、「家」から「個人」の宗教にシフトしていく気がします。**

お墓のことは、必要に迫られないとなかなか話題にのぼりません。これまではそれでも良かったでしょうが、人口が減り、墓地の維持が難しくなっている現代では、元気なうちから情報を集め、「お墓をこうしてほしい」という意志を娘さんや息子さんに知らせておく必要があると思います。

さて、皆さんは、どのような選択をされるのでしょうか？

一度ご家族で話し合ってみるとよいと思います。

彼岸

「お彼岸」に故人と心をひとつにする

六波羅蜜をひとつずつ修める期間

お墓の次は、お彼岸《ひがん》についてお話ししましょう。

「彼岸」は「彼の岸」と書きまして、あちら側という意味です。つまり「あの世」のことで、「涅槃」と言いかえることもできます。涅槃とは煩悩を脱した、悟りの境地ということです。

ちなみに、彼岸の反対は「此岸《しがん》」といいます。これは煩悩に満ちた「この世」のことです。

お彼岸の季節は春と秋。春分の日、秋分の日をお中日として、前後各３日間を合わせた7日間を彼岸の期間としています。

では、どうしてこの時期にお墓参りをするのか。それはちょうど、昼と夜の時間が同じになり（実際は昼のほうが長いのですが）、太陽が真西に沈むからです。

仏教（特に浄土信仰）では、お浄土は西国（西国浄土といいます）にあるとされています。それで、浄土（あの世）が一番近くなるこの時期にお墓参りをして、ご先祖さまを供養しようというわけです。

お彼岸の「お中日」は「先祖に感謝する日」です。

そして、前後6日間は、悟りの境地に達するのに必要な6つの徳目**「六波羅蜜」をひとつずつ修める（修行する）期間**と考えられています。

「六波羅蜜」を簡単に紹介しますと、

❶ダーナ……「布施」＝布施の心、喜んで捨てる心（喜捨）。布施を通じてお寺を守ってくれる人々を「檀那」、それを家単位ですることを「檀家」と変化し、お店を守ってくれるお客さんを「旦那」というようになりました。

❷シーラ……「持戒」＝戒律を守る心。
❸クシャンティ……「忍辱」＝耐えしのび、怒りを捨てる心。
❹ヴィーリヤ……「精進」＝努力する心。
❺ディヤーナ……「禅定」＝心を安定させること。
❻プランジャーナ……「智慧」＝ものごとをありのままに観ることによって、本源的な智慧を得ること。

６番目のプランジャーナの「観る」は「見る」ではなく、仏様のように大きな視点で天上から、未来から「観る」ということ。そこに自分という概念はありません。

「そんなことを言われても……」と思われるかもしれませんが、日頃の雑念を洗い流し、ものごとを俯瞰することをイメージしてみてはどうでしょうか。

今、私たちはここにあるのは、たくさんのご先祖様がいのちをつないでくださったからです。それはとんでもなく素晴らしいことで、感謝しないといけません。

「氷山の一角」のような「見える部分」だけに心を馳せるのではなく、水面下に隠れた部分も「観じて」いただきたいと思います。

最後に、雑学ネタをひとつ。

扉がよく閉まらないとき「ガタピシと音がする」などと表現することがありますが、この「我他彼此《ガタピシ》」も本来は仏教用語で、お彼岸にちなんだものなのです。

「我」＝わたし
「他」＝あなた
「彼」＝「彼岸」
「此」＝「此岸」

私とあなた、「彼岸」と「此岸」が、「六波羅蜜」の修行によって、ぴったりと一枚になりましょうという意味です。

皆さんも、お彼岸には、故人と心がひとつになるようにお祈りしてください。

法事と塔婆

法事ではなぜ「塔婆」を立てるのか

死を悼み、生まれ変わりを願う

法事は、亡くなられた方を供養する仏教的な儀式のことです。初七日や四十九日、一周忌、三回忌、七回忌など、節目毎に行います。

このとき、生まれ変わりの象徴である「塔婆《とうば》」を立てます。なぜでしょうか。

お釈迦様にまつわるこんな逸話があります。

お釈迦様が悟りを開く前の前世のとき、ある森の中で捨施《しゃせ》（自分の身を捨てて施す行）を行うために獅子の前に立ちました。しかし獅子が襲ってこないので、お釈迦様はわざわざ自分の体をナイフで切り刻み、血のニオイをプンプンさせてついに獅子に身を捧げました。

お釈迦様がいつまでも帰ってこないので、妻が探しに出たところ、血の海になっている情景を目の当たりにし、たいそう悲しみました。妻は、お釈迦様の生まれ変わりを信じて、その森にあった1本の木をそこに立てました。その「生まれ変わりを信じて立てられた木」が塔婆の始まりだと言われています。


死を悼み、生まれ変わりを願って立てられた塔婆。単に立てればよいのではなく、やはり、故人への心を込めていただきたいものです。

できれば、法事には故人に関わりの深い親族全員が集まり、故人を思い出す機会にしていただきたいですね。

故人の好物を供え、法事のあとのお齋《とき》（食事）も故人の好きだったお店に足を運び、好きだった音楽を流し、好きだったものを飲み、食事をする。こんな法事なら、きっと故人も喜んでくれると思います。

遺された遺族の心がひとつになり、故人を思い出すことによってのみ、故人は「いまここ」に現前するものだと信じています。

お盆

「お盆」には自分の背筋を正す

自分は餓鬼道に落ちていないか

お盆の語源は、古代インドの言葉の「ウランバーナ」（逆さに吊るされた苦しみから救う）という意味です。

この言葉と中国の三元（上元は正月の15日、中元は7月の15日、下元は10月15日）が結びついて、お中元の風習および「盂蘭盆《うらぼん》」となり、「お盆」と呼ぶようになりました。

日本では正月と7月に先祖霊が里帰りすると信じられ、餓鬼道に落ちた霊を供養する（施餓鬼供養《せがきくよう》、曹洞宗では施食会《せじきえ》という）行事になったといわれています。

では、「餓鬼」とは何でしょうか？

餓鬼とは、人間のかぎりなき「欲」のことをいいます。

お寺などによく展示されている地獄絵図を思い出してください。

炎に焼かれて逃げようとする餓鬼、燃え盛る札束をまだ欲しいと見ている餓鬼、口に入る前に炎に変わろうとする食べ物に食らいつく餓鬼、餓鬼は一様に下腹が出っぱっていて、目が吊り上がって恐ろしい形相をしています。

仏教では、「修行することで解脱を求め、解脱に到達できないと、輪廻転生して（生老病死）の苦しみの世界から抜け出せない」とされています。その世界には天界、人間界、修羅界、畜生界、餓鬼界、地獄界という6つの世界があります。その人の行いの善悪によって、次に生まれる段階が決められるのです。これは、「生きている間に善行を積まないと地獄に落ちるぞ」という人間の倫理観がもとになっています。

地獄に行きたくない。

餓鬼道にも行きたくない。

皆さんそう思いますよね。そんな人々を救いあげる方法として、仏教では、「施餓鬼供養（施食会）」という救済策を用意しているわけです。「餓鬼」に落ちている者たちに食べものを施して、お経を詠んで供養するのです。

そして、ここで大事なのが、餓鬼道に落ちているのは、亡くなった方だけではないということです。今生きているあなた自身の場合もあるということを忘れないでください。

お金や名誉への執着、もの惜しみ、他人への嫉妬、猜疑心などなど、生きている私たちも取り憑かれやすいものだと思います。亡くなった方を供養しながら、「私はどうだろう？　餓鬼になっていないか？」と、自分自身にも問いかけることも大切なのです。

瑞岩寺では、施食会のときに「甘露門《かんろもん》」というお経を読みます。

餓鬼は苦くてまずいものを食べません。だから清らかで甘い食べ物を、祈りをもって餓鬼に施すのです。

あの世の故人とこの世の自分たちをつなぎ、「どうか、餓鬼たちが満たされて、執着を捨てることによって、餓鬼道から抜け出し、悟りの道を歩めますように」とお祈りします。

ぜひ、ご家族でお寺に足を運び、お経を読んでみてください。

そして、**今の自分が餓鬼道に落ちていると感じたら、甘露の門を開いて、自分の餓鬼を取り去り、世のため人のために「施す」という「行」を行いましょう。**

「施し＝お金」というわけではありません。

たとえば、道ばたに落ちているゴミを拾ったり、みんなで使う場所を掃除したり、道に迷っている人を案内したり、見返りを求めず、「喜捨」の心で行動することを心がけてみてください。

ゆくゆくは、自分の欲を超えて人に尽くす人が、人から尽くされる人になると思います。

精霊棚

お盆になぜ茄子やキュウリで乗りものをつくるのか

精霊棚でご先祖をお迎え

お盆の時期は大きく3つあり、地域によって異なります。

大都市圏と東北は新暦の7月15日、北海道、新潟、長野から南関東は月遅れの8月15日、中国、四国、九州などは旧暦旧盆の8月下旬が多いようです。

お盆前の12日または13日の夕方に「お盆迎え」「精霊迎え《しょうりょう》」にお寺に行き、ご先祖さまをお迎えし、16日に「お盆送り」でご先祖さまを送ります。

皆さんは、お盆迎えに「精霊棚《しょうりょうだな》」をつくっていますか？

仏壇の前に4本の篠竹を立てて、篠竹の上に真菰《かこも》の縄を四方に張って仕切り、縄にはホウズキ、昆布、素麺などをぶらさげて、その下に棚をつくります。そして、棚の上に雲座《くもざ》（仏様のいらっしゃる場所）をつくりゴザを敷きます。

さらに、香炉と、ろうそくを立て、先祖のお位牌、お供え物（海の幸、山の幸）、蓮の葉に少量の水をいれた閼伽水《あかすい》を供え、茄子やキュウリを細かく切り水を加えた「水の子」、野菜、果物を供え、牛（茄子）や馬（キュウリ）におがらを刺し足にします。尻尾にはトウモロコシのひげを刺します。

キュウリの馬は冥土からすばやく郷帰りしていただく乗りものとして、茄子の牛はゆったりと帰っていただく乗りものの意味があります。

仏様をお仏壇から出して棚に移すのは、たくさんの供物を捧げる目的と、餓鬼は普段外にすんでいて生ものを食しているから、棚の下の部分に、生野菜などを供え、餓鬼の供養も併せて行う目的があるといわれています。

ご先祖様にとどまらず、有縁無縁の精霊や餓鬼にまで心遣いをし、供養する広い広い心が、日本のお盆供養にはあります。

地方によっていろいろな風習や慣習がありますので、一概にいえませんが、日本の夏のほのぼのとした先祖と自分を見直す良い風習だと思います。

六曜

「友引にお葬式をしない」のはなぜか

六曜は迷信？　それともゲン担ぎ？

お葬式の日取りの連絡を受けたとき、「明日は友引だから明後日に」という話を聞いたことがありませんか？

ほとんどの日本人が、なんとなく「友引はお葬式をしてはいけないんだな」と思っています。その理由をお話ししましょう。

まず、「友引」というのは、六曜《ろくよう》という暦《こよみ》に出てくるものです。

暦とは、時間の流れを年・月・週・日といった単位に当てはめ、天体の出没、潮汐《ちょうせき》（潮の満ち引き）や、曜日、行事、吉凶を記したものです。

今の日本において「六曜」は、「結婚式は大安に」とか「友引はお葬式を避ける」などの冠婚葬祭と強く結びついています。

六曜という暦は、中国で生まれたとされ、発案者は、あの「三国志」で有名な諸葛孔明といわれていますが、定かではありません。

六曜では、1ヶ月（30日）を5等分して、30日÷5＝6日を一定の周期としています。この6日に「先勝・友引・先負・仏滅・大安・赤口」の6種類を当てはめます。このとき、先勝→友引→先負→仏滅→大安→赤口の順で繰り返すのですが、旧暦の毎月1日は固定されています。そのため、月が変わると、いきなり大安から先勝になることもあります。

六曜は昔、「軍事目的」に使われていたといわれています。赤口以外は全て現在使用されている文字とは異なり、意味が違っているものもあったようです。

- **先勝**……「先んずれば即ち勝つ」の意味。万事に急ぐことが良いとされます。
- **友引**……かつては「共に引く」と書いて勝負事で何事も引き分けになる日で、「葬式で友を引く」というような意味はありませんでした。
・**先負**……「先んずれば即ち負ける」の意味。勝負事や急用は避けるべきとされていました。
・**仏滅**……「仏も滅するような大凶日」の意味ですが、以前は全てが虚しいと解釈して「物滅」と書きました。全てが滅して新しくなるので、逆に何かを始めるには良い日とされています。近年になり「佛（仏）」の字が当てられました。
・**大安**……「大いに安し」の意味。六曜の中で最も吉の日。何事においても吉、成功しないことはない日とされています。かつては「泰安」と書かれていました。
・**赤口**……陰陽道の「赤舌日」という凶日に由来します。六曜の中では唯一名称が変わっていません。この日は「赤」という字がつくため、火の元、刃物に気をつけるという意味です。

もうお気づきかと思いますが、もともとの「六曜」は仏教と関係がありませんでした。ですから、本当は**「仏滅の日にお葬式をあげてもなんの問題もない」**のです。実際、浄土真宗は友引でも葬儀をしますし、行政でもカレンダーに「六曜」

を記載しなかったり、火葬場での友引休業を廃止する自治体も増えています。

とはいえ、古くからの習慣でなかなか変わらないのも事実ですし、いざ友引に葬儀をするとなると、参列者の中に抵抗を感じる方が少なくないと思います。

また、お寺などでも、この習慣を容認しているところは多いのです。その理由には2つあります。

まず、ひとつめが「友引が葬儀社、火葬業者、社寺の定休日になる」ということです。僧侶に休日はありません。葬儀や法事が入れば、土日も祝日も関係ありません。皆さんは普通と思われるかもしれませんが、家庭を持っている僧侶も多いので、定休日があるのは悪いことではないと思います。

そして、もうひとつが、「友引の日に寺院同士の記念行事や会議の日程が組まれている」ということです。一般的に友引には葬儀が入らない（最近、通夜は入るようになってきました）ので、行事や会議の予定が立てやすいのです。

日々の暮らしの中で験《げん》を担ぐことがあってもよいと思います。

ただ、「今日は大安だから、〇〇をしよう」「先勝だし、この課題は先に片づけておこう」など、良いこと、前向きなことに使えるといいですね。

棚経

心にしみる「お経」の秘密

あの世とこの世をつなぐ

瑞岩寺のある群馬県の南部では、新暦でお盆が行われています。この時期、私も「お棚経」といって、300軒余りの檀家さんのお宅にうかがってお経を読みます。

若い頃はあまり言われませんでしたが、最近「和尚さんのお経はいいね。心にしみます」と有り難いお声をいただくようになりました。

もちろん、今までも、どのご家庭でも同じように心を込めてお経を読んでいたのですが、どこが昔と変わったのかといえば、より深く仏様に心を添わせようとしながらお経を読むようになったと気づきました。

お仏壇の写真やお位牌を見つめながら、その人を思い出してお経をあげます。「この方にあんなことを教わったな」「こんなことを一緒にしたな」「もし生きていたら、どんなことをおっしゃるかな」などと考えながらお経を読むのです。

私がこれまでに関わったご葬儀は、延べ千件以上。その一人ひとりのお顔と葬儀の様子を覚えていますし、ご縁があってお見送りさせていただいた方々が私の両肩に乗っているような感覚があります。

ですから、お経を読むというより、読まされているような感じなのです。それが、もしかしたら「和尚さんのお経はいいね」につながっているのかもしれないと思っています。

お経をあげたあと、「故人が生きていたら、ご家族にこうなってほしいだろうな」というお話をさせていただくようにしています。

「僧侶のお経は、あの世とこの世をつなぐお香と同じだな」と思えてきて、故人の分まで、遺された方々の幸せを祈らなければという気持ちになるのです。

ちなみに、私のお経は、瑞岩寺の寺子屋ライブで聴いていただくことができます。ライブの開催は不定期ですが、皆さんと共に生きる方法を探るひとつの試みとして開いているものです。

これまで、盲目のバイオリニスト増田太郎さん、「千の風になって」の作詞家の新井満さん、ソプラノ歌手の中島啓江さん、バイオリニストの古澤巌さん、和太鼓によって子どもたちを更正させている和太鼓グループ「歯ぐるま太鼓」の坂岡嘉代子さん、美しいデュエットのダ・カーポさんなど、いろいろな方にご協力いただいてきました。

中島啓江さんの「千の風になって」と私の「般若心経」でコラボレーションさせていただいたこともあります。意外かもしれませんが、とても美しいハーモニーになって、ご来場いただいた方にも好評だったようです。

皆さんも、私のお経が「どんなふうにいいのか」にご興味があれば、ぜひ瑞岩寺に足を運んでみてくださいね。

祈禱

祈りは、時空を超える

願いが叶うための「ご祈禱」の心構え

私は、人の想いや願いは時空を超えると思っています。

あなたが、今ここで故人を思えば、故人はいつでも、どこでもあなたのそばにいます。それは、人間だけが持ち得たすばらしい能力だと思います。

私たちは、目に見えないものの存在を想像することができる。それが、信仰の素晴らしさだと思います。

「祈る」という行為は、「未来の自分」をイメージし、意識をそこに飛ばすということです。故人への思いだけでなく、遠く離れた場所にいる人たちへ、あるいは、過去や未来の自分、家族、仲間などにも意識を向けることができます。

お寺で「○○祈願」のご祈禱をするのも、文字どおり「祈り」です。

ご自身やご家族のために祈りを捧げる方が多いと思いますが、「ご祈禱」での心構えをいくつかご紹介します。

❶神社仏閣は欲がなく、清浄な気で満ちています。その中で、静かに、自分の心を鎮めましょう。

❷お賽銭を奉じるのは、欲を捨てるという行為です。「お金を払うんだから、私の願いを叶えてね！」という執着いっぱいのお願い方法は、祈りの姿勢と少し違いますし、願いも叶いません。

祈禱では、神仏に感謝し、自分に感謝し、全てに感謝する姿勢が大事です。

「自分の欲を捨て、世のため、人のために私ができることに全力を尽くします。ぜひ見守っていてください」とお祈りしたほうが、願いは叶いやすいと思います。

❸神仏に祈り、決断したら、次は行動です。いくら懸命にお祈りしても、何もしなければ、何も起こりません。未来の自分をイメージして、そこに意識を飛ばしてみてください。

人は、自分がイメージしているように生きているものです。たとえば、「ラーメンが食べたい」と思うと、周囲のラーメン屋さんが目に飛び込んでくるものですよね。お祈りも同じです。願いが叶った自分をイメージすることが大切です。

・入学祈願……高校や大学に入学して、校門で記念写真を撮っている自分をイメージしてください。

・厄よけ祈願……これは、統計学です。女性は33歳、男性は42歳が精神と肉体のバランスが崩れやすいとされているので、その年の暮れに「何ごともなくてよかった」と穏やかに過ごしている自分をイメージしてみてください。

・子宝祈願……子どもが生まれて、家族に囲まれ、記念撮影している自分をイメージしてみてください。

・当病平癒祈願……病気が治り、笑顔の自分をイメージしてください。
・心願成就祈願……願いが叶って、笑顔でいる自分をイメージしてください。
・必勝祈願……試合に勝ち、「一番だぞ」と手を上げて笑っている仲間の顔をイメージしてください。などなど。

人は弱い存在ですから、「○○するぞ！」と心に決めても、三日坊主で終わることもよくあります。

だから、その気持ちを継続させる後押しを、「神仏」に祈るのです。

瑞岩寺でも、仏様の描かれたお札に祈願者の願いを書いてお渡ししますが、それを奥の寝室などではなく、自分の目線より高い位置で、かつ、1日で一番目にする場所に置くようにお伝えしています。

神棚や仏壇がなければ、玄関や居間など、「何度も見る」場所に置くことが大事です。お札を見るたびに願いを自分で「イメージ」できるから、より実現しやすくなるのです。

安全運転の「お守り」もダッシュボードではなくて、「バックミラー」に吊り下げるなど、見えるように置いて「意識する」ことが大切です。

イメージできるものは、実現しやすくなります。

そして、もしも願いが実現しなかったとしても、ワクワクした気持ちで毎日を楽しむことは、あなたの人生をより豊かにしてくれますし、きっと何か別の形であなたに幸せを運んできてくれるでしょう。

人生は、因果応報。善いことをすれば、必ず良いことが返ってきます。

第 5 章

小さなことに
くよくよしない

四法印

お釈迦様が悟った4つの真理

みんなが心安らかでいられる社会のために

お釈迦様は、生老病死（生きること、老いること、病、死）の苦しみを解脱するため妻子を置いて出家されました。そして7年にわたる苦行生活の末、最終的に菩提樹の下で坐禅され、12月8日未明にお悟りを開いたと伝えられています。

そこで悟られたのが、この本の最初でもご紹介した「四法印」です。

諸行無常、諸法無我、涅槃寂静、一切皆苦という4つの真理は、仏教思想の基本となっています。このことを少し詳しくご紹介していきたいと思います。

❶諸行無常

この世に存在する全てのものは、姿も本質も、常に移り変わっていきます。

毎日お風呂に入っていても垢が出るのは、体の細胞が毎日新しくなっているからです。数年もすると人の細胞は全部入れ替わるそうですから、私という存在も昨日と全く同じということはないわけです。

同じように、植物も動物も変化していますし、家や車だって変化します。見た目は同じようでも、目で見えない分子原子レベルでは毎秒変化しているのです。

しかし、私たちは目の前のことに意識が向いていて、変化していることを意識できていないのではないでしょうか。

少しずつ変化しながら、私たちはいつか亡くなります。例外はありません。

また、少し厳しい言い方かもしれませんが、「諸行無常」とは、「常に変化するものに理由はない」ことも教えています。

あの東日本大震災で亡くなられた方々も、生前に善い行いをたくさんされていたはずです。まさか、地震や津波によって自分のいのちを落とすことになるとは思ってもいなかったでしょう。

とても苦しいことですが、そのような事態に**「一切の理由はない」**のです。

お葬式に1000件近く携わっていると、本当に人生は短いと感じます。「変化」を意識し、もっといのちを大切にしなければいけないと思います。

❷諸法無我

全ての存在には、主体とも呼べる「我《が》」がないことをいいます。

難しい言い方をすると、私たちは、知らず知らずのうちに自分自身の中に「私」と呼ぶ「我」を想定し、幼いときから現在まで、成長変化してきた「私」そのものをつかまえて、「私は私である」と考えます。

しかし、「諸法無我」は、それを「我執」であるといっています。変化を変化のままに、**変化そのものこそ「私」なのだ**と説いているのです。つまり、自己としてそこにあるのではなく、常に一切の力の中に「関係そのもの＝縁起」として生かされているということです。

概念的で難しいのですが、分かりやすく言えば、第1章でも書かせていただいたように、**「みんながつながっている」**ということです。

多くのご先祖様とつながり、人とつながり、自然とつながり……。もちろん心も、さまざまなつながりで成り立っています。

私の例でいうと、私の父は保育園園長を40年近く務め、地域の皆さんから敬われる存在でした。

しかし、一方で父は、掃除や整理整頓、読経はあまり好きではなく、すぐに趣味の書道や篆刻を始めてしまいます。私はその父に影響を受けましたが、父とは反対の方向に成長をし、掃除が好きで、自分の趣味よりもお寺や保育園のことに関わっていることが大好きです。

また、母親はとても勤勉で真面目な女性ですが、こちらは、そのまま素直に受け継いだと思っています。

さらに父母から先に遡ってみると、父方の祖父は、酒好きですが厳格で、太田市で3番目に古い保育園をスタートさせるようなリーダー性のある人物でした。仏教界会の会長も務め、私にとっては憧れの存在です。

父方の祖母は、藤間流の師匠の舞踊家で、また、本堂の天井絵を描くなど、芸術性に優れた人でした。祖母の影響か、私も小さい頃は絵画や造形が好きで、よく表彰されていました。

母方の祖父は中学の数学の教師でした。私もお寺の息子ではありますが、理系教科が好きでした。

自分のことをこうやって見つめ直してみると、もともと「自分」というものが最初からあったわけではなく、家族や、兄弟、友人など、さまざまなご縁によって今に至っていることがよく分かります。生理学的な遺伝もあるでしょうが、経験や体験も大きく影響します。

そういう意味で、「個人」というものは、実体があるようで、ないのです。

諸法無我とは「いのちのつながりを意識し、『自分のいのちに根を張る』」こと。

いのちを軽んじてしまう人には、ぜひこのことに気づいていただきたいですね。

私たちは、父母、父母の祖父母、そのまた曽祖父母と、10代ご先祖様を遡れば1024人、20代遡れば100万人以上のご先祖様がいたからこそ、生まれてきたのです。その因縁を全て受け継いでいるのです。

❸一切皆苦

「人生は自分の思いどおりにならない」ということです。

私たちは、目の前に何か障害物が現れると、「なんでうまくいかないんだ」「どうしてこうなっちゃうの」と、自分の置かれた状況に怒りや不安を憶えます。

でも、そういうものなのだとお釈迦様はおっしゃいます。**人生は、「うまくいかなくても当たり前」なのです。**

「うまくいって当たり前」という姿勢でものごとに当たっていると、うまくいかないときにネガティブな気分になります。しかし、「うまくいかないのが当たり前」という気持ちでいれば、「うまくいくように努力しよう」という気持ちにもなりますし、成功したときの喜びは大きくなります。

お釈迦様は「一切皆苦」とおっしゃいながら、「人生は美しい」ともおっしゃっています。「あの人は輝いて見える！」と言われることがありますが、懸命に努力している人は、本当に輝いて見えるものですよね。

障害物を克服したあとにこそ、成長があります。毎日を成長のプロセスと捉えて前向きに生きる人は、とても美しく輝いていると思います。

❹涅槃寂静

煩悩の炎の吹き消された悟りの世界（涅槃）は、静やかな安らぎの境地（寂静）であるということです。涅槃とは、一切のとらわれから開放された自由の境地です。もっと簡単にいえば、**私利私欲で生きるのではなく、人や社会のために生きる**ということです。

「心の平安」は、一人でいても感じることはできますが、もっと大きな「心の幸せ感」は一人では感じることができません。

幸せは、「つながっている」ことを感じることです。

人と人、人と空気、人と植物、人と動物、人と建物、人と自動車、人と世界など、実際には目には見えないですが、小さな、小さな単位ではつながっています。よく気とか、波動とか、スピリチュアルなどと、いろいろな言い方で表現されますが、目に見えないつながりはあると思います。だからこそ、自分優先でない生き方の先に、「涅槃」があるのではないでしょうか。

また、漢字文化圏では、一番小さいものの単位を「涅槃寂静」というのだそうです。一般には10^{-24}とされていますから、もう目には見えない世界です。

そう考えると、心をこめて育てたお花がきれいに咲いたり、野菜や果物がおいしくできたりするのも、本当のことだと思えてきます。

仏教の目指す涅槃寂静の世界を実現するには、人と人が心を通い合わせることが大事だと思います。

皆さん、いかがでしたでしょうか。今の世の中、生き難いと感じている人は多いと思います。腹の立つことも、絶望することもあるかもしれません。

しかし、

ものごとは全て変化を続けること、

また、さまざまなことがつながりあって存在していること、
そして、何事もうまく運ばないこと、
これらを心にとめ、他者への思いやりのある生き方をすることで、
みんなが心安らかでいられる社会になるのです。

目の前で起きていることだけにとらわれず、目指す「涅槃寂静」をイメージしてみてください。明日の自分、明後日の自分の成長に目を向けてほしいと願っています。

この章では、日常のさまざまな悩みについて、お話ししていきたいと思います。
皆さんの目の前に問題が立ちはだかったとき、気持ちを切り替えるヒントになればうれしいです。

禅僧の教え30

諸行無常《しょぎょうむじょう》　諸法無我《しょほうむが》
一切皆苦《いっさいかいく》　涅槃寂静《ねはんじゃくじょう》

ものごとは全て変化を続けること、
また、さまざまなことがつながりあって存在していること、
そして、何事もうまく運ばないこと、
これらを心にとめ、他者への思いやりのある生き方をすることで、
みんなが心安らかでいられる社会になるのです。

人生相談①

なかなか就職が決まらないあなたへ

「幸せを感じられるか」を基準にする

新聞やテレビでは景気回復の兆しなどと言っていますが、これから社会に出る学生さんにとっては、依然として厳しい状況は続いているようです。希望した企業になかなか採用が決まらないという話もよく聞きます。

私のところにも、「就職できない」というご相談が寄せられることがあります。

そんなとき、お話しするのが、「どんな会社でも入社できる方法」です。

それは、志望する会社の面接で、真剣に社長さんの目を見てこう言うのです。

「私、絶対御社で仕事がしたいのです！　誰よりもこの仕事が好きです！　誰よりも御社のために働きます！　給与は無給でいいです！　ですから3ヶ月でいいので働かせてください！」

実際には、「じゃ、やってみたら？」とはならないかもしれません。でも、何もせずにあきらめるよりは、可能性はあるのではないかと思います。

もし3ヶ月で結果を出せば、バイトくらいには格上げしてくれるでしょう。さらに頑張れば、契約社員や正社員になれるかもしれません。その人の存在で会社の業績が上がるなら、そのままにしておく理由がないからです。

この方法を強くお勧めするわけではありませんし、いわゆるブラック企業に入ることを指南するわけでもありません。ただ、「お金のために働かない」という姿勢について考えてみるだけでも、その後の人生に役立つだろうと思います。

たとえば、年収300万円の人は幸せか不幸か、どちらだと思いますか？

「欲しいものはいろいろあるのに、買えない。年収が1000万円あったら、もっとしあわせになれるのに」という人もいるでしょうし、

「裕福とは言えないけれど、家庭はとても和気あいあいとしていて楽しい。これだけあれば、幸せだ」という人もいるでしょう。

幸せは、お金だけではかれないものなのです。

仏教に「少欲知足《しょうよくちそく》」という言葉があります。

欲張らず、与えられた物事をあるがままに受け入れましょうという意味です。我欲にとらわれている先にしあわせはありません。

会社を選ぶとき、少しでも待遇の良いところを選びたくなるものです。これは新卒の人だけでなく、転職される人も同じでしょう。

でも、「いくらもらえるか」よりも、「面白いかどうか」あるいは、「しあわせを感じられるかどうか」という選択肢もぜひ加えていただきたいと思います（繰り返しますが、「やりがい」をエサに低賃金を当然とするようなブラック企業を選びなさいということではありません）。

禅僧の教え 31

少欲知足。
欲張らず、ありのままを受け入れたほうが
心豊かに過ごせます。もっともっとと欲を出せば、
その分、心は飢えてしまうでしょう。

仕事選びも同じです。「これがしたい。あれがしたい」から、「私になにが求められているのか」という視点でもう一度考えてみてはどうでしょう。これまでとは違う進路が見えてくるかもしれません。

人生相談②

自分は評価されていないと感じているあなたへ

「慢」の心を落ちつかせる

自分の仕事について、「自分はこれだけやったのだから、これくらいは評価されて当然」と思っていませんか。もしそうなら、その考え方はやめたほうがいいと思います。

「これだけやった」というのは、あなたが思っていることです。辛辣な言い方ですが、会社は、あなたの行動を求めていないかもしれません。

自分のしていることが、本当に会社やお客様に貢献できているかを考えてみてください。人の不便や悩み、問題を解決するからこそ仕事になるわけですから。

それを顧みず自己評価をしている人には、たぶん、「慢」の心があります。「慢」とは、自分の思い上がりです。

この状態では、どれだけ頑張って仕事をしても、常に「評価されていない」不満が募り、全然楽しくなりません。

今、何かに不満や怒りを覚えているのなら、まず、自分サイドからものを見ることをやめてみましょう。会社の立場、お客様の立場、あるいは上司や同僚の立場になった気持ちで自分を見直してみてください。

「慢」の心を落ちつかせることができると、仕事ももっと楽しくなるし、そんなあなたに対する周囲の評価も、さらに上がるのではないでしょうか。

「慢」の心を落ちつかせる、もうひとつの方法をご紹介しましょう。

とても簡単なことです。

「掃除」をすればいいのです。

禅宗の教えでは、「身心一如」といって、「体」と「心」はひとつであると考えます。

そのため、私たち僧侶は「心」を静めるために坐禅を組んで身をストップさせて、心を整え、自分で自分をコントロールする練習をします。

もちろん、僧侶の修行でなくても、練習をすればある程度のコントロールはできるようになりますが、ここでは、今、目の前のイライラを忘れるために、「掃除」という、体からのアプローチをおすすめしたいと思います。

体と心はひとつです。ということは、**体をきれいにすれば、心もきれいになる**のです。

どこを、どんなふうに掃除するという、決まりはありません。

自分の気になった場所を、自分なりにきれいにすればよいと思います。

強いていうなら、人から見える場所のほうがよいかもしれません。きれいになった場所は誰が見ても気持ちいいですから、あなたは自分のまわりの掃除をしただけで、誰かを気持ちよくすることができるわけです。

掃除を終えると、妙にすっきりした気分になり、「なんであんなことで怒っていたんだろう」と、怒っていた対象が大して気にならなくなったりするものです。

イライラしたら、掃除でピカピカ。怒りっぽい人のほうが、お部屋もきれいになりそうですよね。

これをずっと繰り返していれば、**あなたの周りはさらにピカピカ、心の中のイライラも小さくなる。さらに周りの人まで喜ばせることができて一石三鳥！**

おすすめの解決方法です。

ちなみに曹洞宗では、東司《とうす》（トイレのこと）の掃除を一番大事にします。なぜなら、東司の掃除こそが最も心をきれいにできる修行の場であるからです。

私が永平寺で修行をしていたときも、時の禅師様（一番位の高い方）も、朝4時に起きてご自分で東司の掃除をされていました。もちろん、私も、トイレ掃除は大好きです。

あなたは、どこの掃除から始めてみますか？

仏教では、お料理をつくったり、掃除をしたり、
あるいは、食事をとったり、お風呂に入ったり、
日々の行動の一つひとつが全て修行です。
体と心は一体ですから、
全ての行動を疎かにはできないのです。

お寺での作業（作務）は、動く坐禅といわれています。トイレは最も汚い場所ゆえに、そこを掃除すると、最も心が磨かれると考えられています。

人生相談③

いつも他人と比べてしまうあなたへ

心の声に従って生きる

「どうせ私なんか」とか、「あの人みたいにはなれない」とか、失敗したり、ものごとがうまく進まないと、ついそんなふうに考えてしまうものです。

人は、誰しも他人と自分を比較してしまいがちです。容姿や収入、学歴、住んでいる場所、あるいは、恋人がいるとかいないとか、お子さんの学力や才能のことかもしれません。そして、相手より勝っていると思うと、自慢したくなります。また、反対に自分のほうが劣っているような気がすると、落ち込んだり、愚痴ったりしたくなるわけです。

でも、覚えておいていただきたいのは、**人と比べてもなんの意味もない**ということです。

お釈迦様は「人間は自分が一番かわいい」とおっしゃいました。ですが、他の人たちもまた、全て「自分が一番かわいい」のです。つまり、どんな部分で人に優越感を感じていようと、劣等感を感じていようと、他の人の関心はそこにはないのです。

それなら、自分が楽しいこと、自分が納得すること、「今が幸せ！」と感じられる時間を過ごすほうがよいのではないでしょうか？

もし、一時的に人から優越感を得られても、それは長続きしないでしょう。あなたが自分の中で優越感を感じているのは、周囲にはどうでもよいことですが、あからさまに優越感を口にすれば、比べられた相手はやはり不機嫌になります。その反動は、いつかあなたに返ってきます。

そんなことを繰り返せば、自分自身も疲れてしまいます。

相手も、「自分が一番かわいい」のですから、その気持ちを尊重することも大事なのです。

「これは勝っているけれど、これは劣っている」などと分別（仏教では「ふんべつ」）するのはやめて、自分を素直に受け入れてみませんか。

禅の教えの中に、「主人公」という法話があります。

この法話が教えてくれるのは、自分の心の中の「あなた自身を出せ」ということ。つまり、人生の主役である自分の真の心の声に耳を傾けるということです。

「幸せ」も「豊かさ」を外に求めても、そこにはありません。あなたの自身の感じ方だけなのです。

自分はどこで「幸せ」や「豊かさ」「満足感」を感じることができるのか、自分自身の心に近づいてみてください。

道元禅師の遺された言葉に、「仏道をならふというは、自己をならふなり」というものがあります。仏教を学ぶということは、自分を学ぶということだと説いています。

自分に学ぶことを突き詰めていくと、全てのものに生かされている自分が分かり、執着もなくなっていきます。もちろん、その境地に至るには修行が必要ですが、普段の生活で考えてみても、幸せの答えはやはり自分の中にあるのだと思います。

人生相談④

出会いがなくて困っているあなたへ

自分から行動する

私のところには、ときどき恋愛のご相談もあります。あまり得意な分野ではありませんが、自分の持っている知識を絞ってお応えするようにしています。

そんな中で多いのは、「出会いがなくて、結婚できない」というお話。

これはもう、答えは簡単です。**出会いがないなら、出会いをつくるだけです。**

自分の理想とする相手がいそうな場所に行ってみるとか、合コンに参加してみるとか、結婚相談所に登録するのもひとつの方法でしょうね。

女性の場合、「白馬にまたがった王子様が、私を迎えにきてくれる!?」といった期待をしている人もいるようですが、これは、ほぼ100%ありません。白タイツの王子様が現れたら、むしろ怖いです。

ですから、自分で機会を増やすように動く必要があると思います。

仏教では、「因果応報（原因があって結果がある）」と説いています。たくさんの因をつくったほうが、良い結果が得られる確率は高くなります。

そして、できれば幸せな結婚をされている夫婦や友人がいたら、その人たちにたくさん会って、よい「気」をもらってください。

目に見えなくても、「気」は存在すると思います。きっと良い出会いを引き寄せる応援をしてくれるでしょう。

また、もうひとつ、これもポイントです。

「素敵な人」と一緒になりたかったら、自分も素敵にならないといけないということです。だってあなたが相手を見ているように、相手もあなたを見ているのですから。せっかく素敵な人に出会っても、あなたが相手に「この人いいな」と思われるようになっていなければ、どれだけ出会いの場所に出向いても良い結果が得られないでしょう。

良いご縁を得るためには、日頃の自分磨きも怠らないことですね。

このときにも、やはり未来の自分にイメージを飛ばすことが大切かもしれません。理想の相手の横にいるあなたは、どんなふうに見えていますか？

禅僧の教え34

仏教に、「感応同交《かんのうどうこう》」という言葉があります。同じ心境の人同士が感じ合うことができます。反対に、同じ心境でなければ、想いは伝わらないということです。

感応同交とは、師匠と弟子の意思伝達に使われる言葉ですが、こと恋愛に関してても同じことがいえると思います。たとえば同じ趣味だったり、考え方が似ていたり、同じくらいの目線にある人でないと、なかなか話が噛み合わず、相手を理解するにもエネルギーが必要になるでしょう。

人生相談⑤

愛する人との別れに苦しむあなたへ

つらいときは体を動かす

他に恋愛のご相談であったのは、「恋人との別れ」。相手を想う気持ちが残っていると本当に辛いものだと思います。

仏教に、あらゆる苦しみを表す「四苦八苦」という言葉があります。「四苦」は生・老・病・死の四つの苦しみ。「八苦」は「四苦」に愛別離苦（親愛な者との別れの苦しみ）、怨憎会苦（恨み憎む者に会う苦しみ）、求不得苦（求めているものが得られない苦しみ）、五蘊盛苦（自分をコンとロールできない苦しみ）を加えたものです。詳しくは１７３ページをご参照ください。

恋人との別れは、まさに愛別離苦の状態です。傷が癒えるまでには、きっと時間も必要でしょう。でも、できるだけ早く気持ちを切り替えて、自分の人生を楽しめるように軌道修正を図るほうがよいと思います。

私も一度離婚を経験しています。子どもたちも妻についていったので、子どもたちと離ればなれになるのも、本当に辛いことでした。心臓の鼓動が早くなり、呼吸をするのも苦しくなります。体調も崩し、体重も落ちました。いつも暗い表情をしていたと思います。

そんな私が愛別離苦の苦しみから抜け出すために心がけたのは、体を動かすことでした。

禅宗は「身心一如」ですから、体と心はひとつです。体が不調なら、精神を健全に。精神が不調なら、体を動かして不調を補おうというわけです。

それからの私は、自分の好きな友人と会ったり、運動をしたり、散歩をしたり、思いつくままいろいろ行動してみました。結局、立ち直るのに2年くらいはかかってしまいましたけど、悲しみや苦しみを経験した分、感謝や充実感が大きく感じられるようになりました。

人の世は思いどおりにならないものです。辛いことも悲しいこともありますが、その経験は、必ず人を成長させてくれると思います。

少し余談ですが、人はスキップをしながら悲しい気持ちには浸れないものです。気持ちが落ち込みそうになったとき、スキップで気分転換するのもいいのではないかと思います。

また、**自分で気持ちをリセットするときの言葉を考えておく**のもよいと思います。私は、保育園の園児たちがころんだり、泣いたりしたときに「へっちゃらピー」と一緒に言って、気持ちを切り換えさせるようにしています。

言葉はなんでもいいのです。自分だけの魔法の呪文を用意しておくと、仕事がうまくいかないとき、対人関係で悩んだとき、気持ちのリセットが早くできるようになると思います。

禅僧の教え 35

坐禅を組んでいる状態を表すときに、「只管打坐《しかんたざ》」という言葉がよく使われます。ただただ坐禅を組むということです。姿勢をきちんとすれば、心もまた整ってきます。心と体をひとつにして、自分自身と向き合うのです。

あれはどうしよう、これはどうなっているかと、心が何かにとらわれているうちは悟りの境地には至れないものです。気持ちをリセットするときも同じかもしれません。悲しみや苦しみから逃れようと考えるより、興味のあることに打ち込んだり、行動を起こしてみることが必要なのではないでしょうか。

人生相談⑥

子育てに悩むあなたへ

「甘やかす」のではなく「甘えさせる」

「甘えさせる」と「甘やかす」。

似ているようで少し違います。皆さんはその違いをご存じでしょうか？

寄せられるご相談の中には、子育ての悩みもよくあります。

親御さんの教育方針と、おじいちゃん、おばあちゃんの接し方の違いから、よく「甘やかすからいけないんだ！」とか「そんなにおもちゃを買って子どもを甘やかせないで！」とか、口論に発展することもあります。

保育園の園長という立場から言えば、小さいときに愛情をたくさん、たくさん注がれて育ったお子さんは、その後ものびのび成長していきます。困ったときに自分が帰ることのできる場所＝安心できる場所があるから、伸び伸びできるんでしょう。

この愛情の注ぎ方と、「甘えさせる」「甘やかす」も大いに関係があると思います。

子育てカウンセラーで心療内科医の明橋大二先生の言葉をお借りすると、**「甘えさせる」は情緒的な欲求で、「甘やかす」は物質的な欲求を指す**のだそうです。

子どもが「絵本を読んで〜」「お話、聞いて〜」「一緒に遊んで〜」と言うときは、どんどん「甘えさせた」ほうがいいでしょう。精神的欲求は満たしてあげるべきだと思います。

欲求を受け入れられることで、「自己が肯定」されていくので、自信がつきます。これも小さな成功体験なのです。

逆に「ゲームを買って〜」「お菓子を買って〜」と言うのは、物質的は欲求ですね。こちらが「甘やかし」。きちんと考え、ルールを決めて応じる必要があると思います。

たとえば、何かを一生懸命やって達成したときや、何かお祝いの特別な日など、そういうとき以外は、あまりしないほうがいいでしょう。物質的要求はほどほどでよいのです。甘やかしすぎはよくありません。

そして、子どもの教育のことでいうなら、「子どもでもできること」は「自分でさせる」ことが大事です。

私がハワイに住んでいたときには、キッチンの流しに手が届くようになったら「皿洗い」、洗濯機に手が届くようになったら「洗濯」、お掃除ができるようになったら「お掃除」を、多くの家庭が普通にさせていました。

子どもは1日も早く、お父さん、お母さんに「認めてもらいたい」のです。「人から認められたい」というのは、人間の根源的欲求だと思います。小さなお子さんにも、その心はあるのです。

子育てをしている親御さんは、ぜひ、幼児期のうちにいっぱい「甘えさせて」そして、「認めて」あげてください。

また、子育て中は、他のお子さんの発達具合と、自分のお子さんをつい比べがちです。でも、比較するのは無意味なことです。自分のお子さんの成長や一緒にいる時間を「楽しむ」ことを大切にしてください。

子どもと過ごせる時間は、それほど長くはありません。あっという間に終わってしまいます。人との違いを気にしてイライラしたり、心配したりして過ごすのは、時間がもったいないと思います。

禅僧の教え36

仏教に「観自在《かんじざい》」という言葉があります。自由自在な視点からものごとを見ることができるということです。

親御さんは、お子さんに対して、こうした視点を持っていただきたいと思います。手取り足取りなんでもしてあげてしまうのではなく、少し離れたところから見守って、必要があれば、褒めたり、しかったり、ただただ抱きしめたり。こうしたコミュニケーションが、お子さんの健やかな成長を促してくれるのではないかと考えています。

人生相談⑦

感性豊かなお子さんを育てたいあなたへ

いっぱい失敗もいい

私が発信しているポッドキャスト、「こまった時の聴きこみ寺」に寄せられたご相談で、こんなかわいらしいものがありました。

小学生のお子さんに、「ママ、氷が溶けたら何になると思う?」と聞かれ、「水に決まってるでしょ」と答えたら、「やっぱりママもそう言うんだ。○○先生も『理科のテストでそう書かないとバツです』って言ったけど、僕は氷が溶けたら春になると思う」と言われたそうです。

投稿されたお母さんもうれしそうでしたが、私もこういうお子さんは大好きです。

うちも保育園をやっていますので、お子さんの感性を伸ばす方法をいろいろ模索しています。

0歳から6歳くらいの幼少期に、脳のシナプスがとても発達するそうです。そして、この時期は「右脳」が活発になります。そのため、見たり、聞いたり、触ったりして感じたことをとてもよく覚えています。

小学生でも「右脳」＝直感、感性が活発な時期から、「左脳」＝思考、計算が活発な時期へと移行するタイミングですから、大人がハッとするような答えが出てきやすいのでしょう。

「感性豊かなお子さんをどう育てるか」というのが、お母さんのご相談事でしたが、私は、いろいろな体験を通して、五感（眼、耳、鼻、舌、意）をたくさん使うことが大事じゃないかと思っています。

たとえば、今のお子さんは1日3000歩しか歩かないので、うちの保育園では毎朝1万歩走っています。田植えや芋掘りをしたり、逆立ち歩きや11段の跳び箱を飛んだり、絵本も簡単な本からどんどん自主的に読むようにして、卒園までに2000冊くらい読みます。

そして雨が降れば、泥んこになって遊びます。

勉強ももちろん大切ですけれど、人生それだけじゃありません。感性を育てるだけでなく、社会性や柔軟性も身につけていってもらいたいと思いながら、お子さんたちにいろいろな体験をさせています。

ここでもうひとつ大切なのは、「成功」だけでなく、「失敗」もすることです。

保育園では、「ｙｏｋｏｍｉｎｅ式」の教育プログラムを取り入れていますが、成功体験を重ねる中では、もちろん「失敗」もあります。

「失敗」は人間を強くします。

「失敗」して「こうしたら失敗するんだ。これではダメなんだ」ということがわかると、次回は違うことを試してみますよね？　そして、何度か失敗を重ねたあとの「成功」は、とても大きな喜びになりますし、大きな自信にもつながります。

これは、子どもたちだけでなく、大人の皆さんも同じです。失敗は、それが終わりでなく、成功へ進むための準備なのです。

ぜひいろいろな体験の中で、失敗、成功を積み重ねながら、さらなる成長を続けていただきたいと思います。

明日のあなたは、今日のあなたがつくっているのですから。

禅僧の教え 37

仏教の教えに、「愚《ぐ》の如《ごと》く魯《ろ》の如《ごと》し」という教えがあります。これは、コツコツと続けることの大切さを説いています。

失敗は成功のもと。大きな成功は、小さな失敗の上に成り立っているのです。アップル社の創業者、スティーブ・ジョブズがスタンフォード大学の卒業式辞で行ったスピーチはあまりに有名です。その締めくくりに使われた「Stay hungry. Stay foolish.」という言葉は、まさに「愚の如く魯の如し」を言っているのです。

あとがき

今から20年以上前のことになりますが、曹洞宗の大本山、永平寺での修行を終えたあと、私は、自分の生まれ育った瑞岩寺まで托鉢をしながら歩いて帰ってきました。

今でも檀家さんたちは、葬儀や法事のたびに、「うちの和尚さんは、福井県の永平寺から群馬まで歩いて帰ってきたんだよ」と集まった人たちに話しています。

永平寺では、修行が終わったあと自坊（自分のお寺）まで歩いて帰るという伝統があります。もともと昔は歩いて永平寺まで来たわけですから、帰りも歩いて帰るだろうということですね。

最近は、新幹線などを利用して帰る僧侶もいますが、せっかく機会をいただいたのだから、私は歩いて帰ることにしました、仲間の僧侶と5人と永平寺を出発し、途中で一人別れ、二人別れ……、私が群馬の瑞岩寺に辿り着いたのは、出発してから1ヶ月後のことでした。

時間はかかりましたが、もともと本山での修行で3年間も世間とお付き合いしていなかったですから、少しぐらい時間がかかっても、それほど迷惑はかからないし、しがらみもないわけです。

歩いて帰ることの良さは、ゆっくり考える時間があるということです。

永平寺の修行のこと、これからの生き方のことなど、とにかく考える時間だけはたっぷりありました。その間に随分、自分の心の整理ができたように思います。本書の中でも「リトリート（心の洗濯）」についてご紹介しましたが、良くも悪くも情報が多く、便利になりすぎている現代。皆さんも世間の雑音から少し離れてゆっくり自分の心を掘り下げてみるのは、いいことだと思います。

永平寺からの帰り道、托鉢しながら歩いていると、ある若い青年から「人生相談をしたいのですが、一緒に歩いていいですか？」と声をかけられたことがあります。そして、その後青年と一緒に何キロも歩きました。

思えば、それが私が僧侶として受けた最初のご相談でした。私に話すことで、彼の心がどれだけ晴れたかは分かりませんが、彼がその後、しあわせに生きていてくれることを今も願っています。

「長谷川くん、『生・老・病・死』というお釈迦様の説かれた苦に僧侶が寄り添わないでどうする？　僧侶って何をする人だろう？」

本書の中でもご紹介した、松本市の神宮寺・高橋卓志ご住職から投げかけられた言葉です。

今、この場所で、必要としている方々のお役に立つ。それが「住職」の仕事です。私も、出会った一人ひとりの方から、

「あなたに会えて本当によかった。心が軽くなりました」

と言っていただける僧侶を目指して、日々、精進を重ねていきたいと思います。

これからも、より多くの方にお寺やお坊さんのことを知っていただくために、いろいろな企画を考え、発信していきたいと思います。

本書を読み、皆さんが少しでもお寺やお坊さんのことを身近に感じてくださったなら、とてもうれしいです。

そしていつか、瑞岩寺の境内でお目にかかれたらいいですね。

最後に、本書を出すにあたり、出版の機会をくださったディスカヴァーの干場弓子社長、ありがとうございました。

いつもお寺をお護りいただいている檀信徒の皆さん、生前大変お世話になった、東京青松寺四十五世覺堂継宗大和尚、福島常円寺十六世大洞光寿大和尚、ありがとうございます。

そして、曹洞宗ハワイ総監駒形宗彦宗師、福島県常円寺の阿部光裕ご住職、全国の同安居や師匠の皆さん、ありがとうございます。

弟子の岡田律雄さん、大日向邦彦さん、根木徹哉さん、お寺や保育園の職員の皆さん、ボランティアの皆さん、ハワイやその他の仕事でお世話になった方々、ありがとうございます。

私の活動を支えてくれている妻の敦子、離れて暮らす息子、信寿と雄信、ありがとう。私を育ててくださった父母に感謝致します。

そして、この本を手にし、読んでくださった皆様とのご縁に、感謝します。ありがとうございました。

平成二十六年三月

瑞岩寺副住職　長谷川　俊道

お坊さんが教える「悟り《SATORI》」入門

発行日 2014年3月20日 第1刷

Author 長谷川俊道

Book Designer 長坂勇司（NAGASAKA DESIGN）
Cover Photo ⓒGAOS/NEOVISION /amanaimages
Illustrator たかやまふゆこ（195ページ）

Publication 株式会社ディスカヴァー・トゥエンティワン
〒102-0093 東京都千代田区平河町2-16-1 平河町森タワー 11F
TEL 03-3237-8321（代表）
FAX 03-3237-8323
http://www.d21.co.jp

Publisher 干場弓子
Editor 千葉正幸

Marketing Group
Staff 小田孝文 中澤泰宏 片平美恵子 吉澤道子 井筒浩 小関勝則 千葉潤子
飯田智樹 佐藤昌幸 谷口奈緒美 山中麻吏 西川なつか 古矢薫 伊藤利文
米山健一 原大士 郭迪 蛯原昇 中山大祐 林拓馬 安永智洋 鍋田匠伴 榊原僚
佐竹祐哉 塔下太朗 廣内悠理 松原史与志 本田千春 松石悠
Assistant Staff 俵敬子 町田加奈子 丸山香織 小林里美 井澤徳子 橋詰悠子
藤井多穂子 藤井かおり 福岡理恵 葛目美枝子 皆川愛 竹内恵子 熊谷芳美
清水有基栄 小松里絵 川井栄子 伊藤由美 石渡素子 北條文葉 伊藤香 金沢栄里

Operation Group
Staff 松尾幸政 田中亜紀 中村郁子 福永友紀 山﨑あゆみ

Productive Group
Staff 藤田浩芳 原典宏 林秀樹 石塚理恵子 三谷祐一 石橋和佳 大山聡子
大竹朝子 堀部直人 井上慎平 伍佳妮 リーナ・バールカート

DTP 濱井信作（Compose）
Proofreader 文字工房燦光

Printing 三省堂印刷株式会社

ISBN978-4-7993-1468-5